KB148744

당신은
화성으로
떠날 수
없다

당신은
화성으로
떠날 수
없다

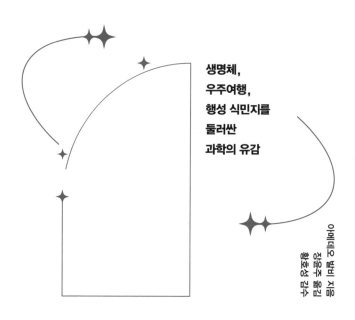

**생명체,
우주여행,
행성 식민지를
둘러싼
과학의 유감**

아메데오 발비 지음
장윤주 옮김
황호성 감수

북인어박스
Publishing House

이 멋진 세상이 영원하길!

황호성(서울대학교 물리천문학부 교수)

우리는 죽으면 어떻게 될까? 내가 죽고 나면 나를 기억해주는 이가 있을까? 어릴 적 이런 질문들이 꼬리에 꼬리를 물며 떠올라 슬픔에 잠기곤 했다. 너무나 당연한 이야기지만, 우리 인간은 영원히 살 수 없다. 그건 비단 나뿐 아니라 우리 종 모두 마찬가지일 수 있다. 내 아이들과 그 아이들의 아이들, 또 그 아이들의 아이들… 그들이 계속해서 이 땅을 터전으로 행복하게 살기를 바라지만, 문제는 지구가 영원하지 않다는 것이다.

첫 번째로는 태양이 지금 상태로 50억 년 동안만 지속되다가, 끝내 팽창해 지구를 집어삼킬 것이다. 두 번째로는 우리 은하와 형제와도 같은 안드로메다은하가 우리 은하의 중력 때문에 우리 쪽으로 1초에 110킬로미터씩 다가오고 있어서, 60억 년 후에 두 은하가 충돌하게 된다. 그나마 다행이라면 두 은하가 합쳐질 때 태양이 다른 별과 직접 부딪히지는 않을 것 같다.

이 모든 것은 친구와 커피 한잔을 앞에 두고 도란도란 담소를 나누거나, 미술관에서 이해하기 어려운 작가의 그림을 이해하려고 머리를 쥐어짜는 노력과 같은, 우리의 소소한 행복이 사라질 수도 있다는 것을 의미한다. 그렇다면 우리 지구인은 어떻게 해야 할까? 화성으로 가야 할까? 아니면 다른 지구를 찾아 태양계 밖으로 떠나야 할까? 그리고 그곳에 도착할 수 있다면, 우리는 그곳을 새로운 터전으로 삼아 행복하게 살 수 있을까?

이 책은 누구나 한 번쯤 생각해본 우주 탐사와 행성 식민지에 관한 현실적인 궁금증을 과학의 시선으로 풀어낸다. 천체물리학자 아메데오 발비 특유의 깊이 있는 사유를 통해, 우리는 지구 탈출에 관한 그 한계와 가능성을 새롭게 바라볼 수 있을 것이다. 그 한계가 딱히 불편하진 않다. 우리의 과학적 역량이 모자라서가 아니라, 이마저도 자연 질서의 일부분이므로. 우리가 사는 이 멋진 세상을 다시 보게 하는 계기가 될 것이다.

Contents

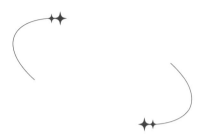

"안녕, 아기들아. 지구에 온 걸 환영한다.
여긴 여름엔 덥고 겨울엔 춥단다. 그리고 둥글고 축축하고 붐비는 곳이지.
여기선 고작해야 백 년 정도밖에 못 산단다.
아기들아, 내가 아는 단 하나의 규칙을 말해줄까?
제기랄, 착하게 살아야 한다."

—

커트 보니것^{Kurt Vonnegut},
《**신의 축복이 있기를, 로즈워터 씨**^{God Bless You, Mr. Rosewater}》

"이곳 말고 더 나은 세상은 없어. 이 큰 돌덩이뿐이라고."

—

영화 〈씬 레드 라인^{The Thin Red Line}〉(1998) 중 '**웰시 상사**'의 대사

프
롤
로
그

**"이 얼마나
멋진
세상인가"**

1968년 12월, 유인 탐사선 아폴로 8호(Apollo 8)가 지구 궤도와 중력을 벗어나 달에 도달했다. 이 탐사선에 탑승한 3명의 우주인 프랭크 보먼(Frank Borman, 1928~2023), 짐 러블(Jim Lovell, 1928~), 윌리엄 앤더스(William Anders, 1933~)는 달 궤도에 진입해 그 주변을 관측하고 달 뒷면까지 목격한 최초의 인류였다. 또한, 그들은 멀리서 지구를 있는 그대로, 즉 우주의 어둠 속에 떠 있는 흰색 줄무늬의 푸른 구체를 처음으로 목격한 사람들이기도 했다. 달에서 보이는 지구는 엄지손가락으로 완전히 가릴 수 있을 만큼 작았다.

원래 이들의 주된 임무는, 이후 계획된 아폴로 11호(Apollo 11)의 착륙 사전 준비를 위해 달 표면의 고해상도 사진을 수집하는 것이었다. 그러나 이 탐사에서 얻은 가장 값진 결과물은 뜻밖에도 지구의 모습이 담긴 사진 한 장이었다. 이 사진은 그해 성탄절 전야, 달 궤도를 네 번째 돌 무렵에 우연히 찍은 것이었다. 이 사진을 찍은 윌리엄 앤더스는 그 순간을 이렇게 회고했다. "곧, 달은 지루해졌다. 마치 더러운 모래밭 같았다. 그러다 불현듯이 지구를 바라봤다. 그곳은 우주에서 유일하게 색이 있는 곳이었다."[1]

이 사진은 역사에 남았고, 아마도 오늘날 가장 유명한 사진 중 하나일 것이다. 달 지평선 위에 매달린 지구의 모습이 담긴 이 사진을 사람들은 '지구돋이(Earthrise)'라고 불렀다. 자연 사진작가 갈렌 로웰(Galen Rowell, 1940~2002)은 이 사진을 "역대 가장 영향력 있는 환경 사진"[2]이라고 평가했다. 사진을 보면 이 말의 의미를 어렵지 않게 이해할 수 있다. 밝은 푸른색을 띤 지구와 깊은 어둠에 잠긴 우주, 그리고 흐린 회색빛이 감도는 달 표면 사이에 뚜렷한 대조가 도드라진다. 이 모습은 웅장하고 섬세한 느낌을 동시에 자아낸다. 우리가 알고 있는 모든 생명의 눈부신 영광(우리가 경험할 수 있는 모든 자연환경의 변화무쌍하고 다채로운 광경)이 한없이 얇은 껍질 안에 담겨 있다. 우리는 본능적으로, 그 얇은 공기층 아래에서 불안정하게 요동치는 에너지를 느낄 수 있다. 우리가 태어난 이 푸른 구슬이 주변의 것들과 얼마나 다른지 깨닫게 된다. 달과도 비교가 무색할 만큼 독보적으로 아름답다.

우주에서 지구를 바라본 거의 모든 사람들은 지구가 얼마

달에서 바라본 지구의 모습. '지구돋이'로 명명된 이 사진은 1968년 아폴로 8호 임무 중 촬영됐으며, 지구 밖에서 찍힌 최초의 지구 사진이다. 이 사진은 인류 모두에게 자연과 우주에 대한 신선한 관점을 선사했다.

ⒸNASA/Bill Anders

나 드물고 귀중한 존재인지, 그리고 이런 경험이 어떻게 그들의 생각을 송두리째 바꿨는지 언급하곤 한다. 이 같은 인식의 변화를 일컫는 용어도 있다. 이른바 조망 효과(Overview effect)[3]다. 이 용어는 작가 프랭크 화이트(Frank White)가 29명의 우주인을 인터뷰한 후 만들어낸 말이다. 우주 시대의 가장 중요하고 분명한 결과 중 하나는, 우주 차원의 관점에서 우리 지구에 대한 비범함을 알아보기 시작했다는 사실이다. 앤더스의 말을 다시 인용하자면, "우리는 달을 탐험하기 위해 이 모든 길을 헤쳐왔지만, 우리가 발견한 가장 중요한 건 지구였다."[4]

아폴로 8호가 지구의 일출 사진을 선사하고 닐 암스트롱 (Neil Armstrong, 1930~2012)이 달의 모래 위에 그의 부츠 발자국을 남기기 두 해 전이었던 1967년, 뉴올리언스 출신의 '사치모(Satchmo)' 루이 암스트롱(Louis Armstrong)은 매력적인 목소리로 이 개념을 직관적으로 표현했다. "What a wonderful world(얼마나 멋진 세상인가)."

＼ 우리를 위해 특별히 만들어졌을까?

그렇다. 지구는 정말로 놀랍다. 그래서 마치 우리를 위해 만들어진 것처럼 느껴진다. 수천 년 동안 우리는 그렇게 믿어왔다. 그러나 훗날 과학은 진실이 그 반대편에 있다는 사실을 일깨워 줬다. 정확히 말하자면, 우리라는 종이 지구를 위해 만들어진 것이다. 우리 종도 지구에 등장한 여느 다른 종들처럼 자연선택(Natural selection)에 따라 천천히 형성됐고, 그 주어진 환경에 적응하도록 만들어졌을 뿐이다.

화석 기록에 따르면, 모든 생명체는 약 35억~40억 년 전 흔적을 잃어버린 초기 단세포 생명체에서 시작됐을 것이다. 이 생명체의 흔적은 사라졌지만, 과학자들은 친근하게 루카(LUCA), 즉 '마지막 보편적 공통 조상(Last Universal Common

Ancestor)'이라고 부른다. 쉽게 말해서, 루카는 지구상 모든 생명의 형태, 현재와 과거의 모든 생명의 기원이 되는 생명체다. 그 존재가 지구에 등장한 최초의 생명체는 아닐 수 있지만, 최소한 오늘날까지 생존에 성공한 모든 후손의 조상인 것만은 틀림없다.

지구상의 모든 생명체가 서로 친척이라는 이 개념은 무척 놀랍다. 말 그대로 우리 모두는 더 가깝거나 먼 사촌일 뿐이다. 인간끼리만이 아니라, 당연히 식물, 곰팡이, 박테리아, 포유류, 조류, 어류는 물론, 생각나는 모든 생명체가 그렇다. 우리는 모두 한 뿌리에서 왔으며, 같은 생명 체계를 공유하고 새로운 개체를 만드는 방법과 질서를 공유하는, 더 복잡하거나 더 단순할 뿐인 세포의 집합체.

이 일은 지구가 생겨난 이래로 거의 계속돼왔다. 처음 어떻게 시작됐는지 정확히는 모르지만, 한 가지 확실한 점은 생명이 한번 나타나고 나서 이 행성에 끈질기게 매달려 있었을 뿐 아니라, 점점 더 풍부하고 더 다양해지면서 가장 작고 가능성이 낮은 틈새까지 차지하게 됐다는 사실이다. 박테리아를 포함한 생명체는 모든 위도에 존재할 뿐 아니라, 지구 표면에서부터 가장 깊은 바다 밑바닥, 지각 안쪽 20킬로미터 지점, 심지어 대기의 가장 높은 층까지 다양하게 존재한다. 이 모든 것은 자연선택과 놀라운 적응 능력 덕분이다.

모든 환경 변화는 생명의 진화사에 흔적을 남겼다. 반대로, 생명도 차곡차곡 지구 환경을 변화시켜 그 물리적 특성과 대기 구성을 바꿨다. 사실상 지구의 역사와 생명의 역사를 분리하는 것은 불가능하다. 지구는 (태양으로부터 받는 빛과 다른 전자기 복사 에너지를 제외하고) 닫힌계다. 서로 의존적이며, 각 부분은 다른 것들과 불가분의 관계에 있다. '생물권(生物圈, Biosphere)', 즉 생명이 존재하는 모든 지구 환경과 이 환경을 채우는 모든 생명체는 대기, 지각 또는 바다만큼이나 중요한 행성의 필수 구성요소다.

우리 인간은 전체 그림에서 극히 작은 부분이자, 수십억 년 전 작고 모험적인 공통 조상에서 싹튼 거대하고 우거진 생명의 나무에서 거의 보이지 않는 작은 곁가지에 불과하다. 우리는 기껏해야 약 30만 년 전에 가장 가까운 조상과 다른 길을 걷기 시작했고, 오늘날까지 이 행성에서 제법 잘 살아가고 있다.

╲ 지속 불가능하다

이제 나쁜 소식을 전하게 돼 아쉽지만, 이 삶은 지속할 수 없다. 오랜 생명의 역사를 자세히 살펴보면, 이런 착각에서 쉽게 벗어날 수 있다. 우선 눈에 띄는 첫 번째 사실은, 어떤 종이든 아무리 오랫동안 종을 잇더라도 영원할 수 없었다는 것이다. 일반적으로 종의 지속기간은 무척추동물이 길다. 약 1,100만 년에 이른다. 반면, 포유류는 대략 100만 년 동안 종을 지속한다. 물론 이는 평균값이다. 어떤 종은 훨씬 더 오래 종을 지속했지만, 중요한 점은 그 어떤 종도 자신들의 자연스러운 운명인 멸종을 피할 수 없었다는 사실이다. 오늘날까지 지구상에 나타난 모든 종 중 99퍼센트 이상이 멸종했을 것으로 추정된다.[5]

어떤 종이 멸종했는지 판단하는 기준은 마지막 개체가 후손을 남기지 못하고 죽었는지 그 여부다. 종을 멸종으로 이끄는 원인은 다양하고, 특정 사례로만 설명할 수 있는 일반적인 규칙도 없다. 그러나 주요 원인은 환경 변화에 적응하지 못했거나 다른 종과의 경쟁에서 살아남지 못했기 때문이다. 궁극적으로, 특정 서식지에서 더는 생존과 번식을 할 수 없게 되고 새로운 서식지를 찾지 못할 때, 그 종은 영원히 사라진 것으로 간주된다. 일반적인 조건에서, 지구상에 생명이 존재한 이래 매년 10종 이내로 종이 사라졌다. 하지만 때때로 상황이 그보다 훨씬 더 나빠지기도 했다.

지난 5억 년 동안, 즉 식물과 동물이 지구 표면의 모든 영역을 차지한 이후로 적어도 다섯 번의 대멸종(Extinction event)이 일어났다. 매우 짧은 시간에 상대적으로 큰 비율로 종이 사라졌다. 대중의 머릿속에 가장 크게 기억되는 대멸종은 약 6,500만 년 전에 발생한 멸종이다. 사람들은 주로 공룡의 멸종을 떠올리지만, 실제로는 당시 지구에 살던 전체 동물과 식물종 중 4분의 3이 소멸됐다. 다행히 그때 재앙에서 살아남은 작은 포유류 중 하나가 훗날 우리가 됐다. 그러나 사라진 종의 수로만 보면 그보다 훨씬 더 큰 멸종은 약 2억 5,000만 년 전에 발생한 대멸종이었다. 고생물학자들은 이를 '모든 대멸종의 어머니(Mother of all mass extinctions)'와 같은 별칭으로 기억한다. 10만 년도 채 되지 않는 기간에 전체 생물종 중 90퍼센트 이상이 사라졌으며, 그중 해양 생물종의 81퍼센트, 육상 척추동물의 70퍼센트가 멸종했다(쉽게 멸종되지 않는 것으로 알려진 곤충도 이때 상당수가 사라졌다).

다섯 번의 대멸종, 그리고 그 외 수많은 소규모 멸종이 생명의 역사에서 어떤 원인으로 발생했는지는 확실치 않다. 다만 한 가지 확실한 것은 멸종이 단일한 사건에 의해 일어났다기보다 하나의 사건이 발생하고, 그 사건이 다른 사건에 영향을 끼치는 방식으로 연쇄적으로 일어났을 거라는 점이다. 어쨌든 이러한 사건들은, 지구상에서 생명의 존재가 항상 예측하고 통제하기 어려운 불가역적인 환경 요인에 의해 끊임없이 위협받고 있다는 사실을 다시금 일깨운다.

아울러, 지구의 역사에서 발생한 그 어떤 사건도, 그것이 얼마나 심각하든 지구에서 생명을 완전히 절멸시킨 적이 없다는 사실도 알려준다. 가장 큰 규모의 대량 멸종 이후에도, 비록 몇백만 년이라는 오랜 시간이 걸렸지만 생물권은 다시 균형을 되찾았으며, 종의 수도 대략 이전 수준으로 회복됐다. 그러나 전반적인 생태계의 모습은 완전히 변했다.

＼ 불안정한 평형

사실, 지구가 오랫동안 다양한 생명체의 서식지로서 기능했던 역할이 앞으로도 계속될 수 있을지는 여전히 수수께끼로 남아 있다. 생명이 빠르게 등장한 이후로, 지구는 지금까지 계속해서 생명체를 품어왔다. 이는 어쩌면 생명체들이 자연선택을 통해 극단적인 환경 변화에도 뛰어난 적응력을 보였기에 당연하게 받아들여질 수 있다. 흔히 생명에 끈질긴 회복력이 있다고 말한다. 하지만 이 문제를 좀 더 깊이 살펴보면, 지구의 전반적인 조건이 오랜 기간 생명을 유지하는 데 적합했다는 사실은 간단하게 설명할 수 없을 만큼 매우 놀라운 일이다.

지난 50년 동안, 우주 탐사선을 통한 태양계 탐사는 지구의 특성을 올바른 맥락에서 이해하는 데 큰 도움이 됐다. 우리는 지구와 인접한 금성과 화성 관측 과정에서, 이들 행성이 처음에는 지구와 비슷한 기후를 가졌을 가능성이 크며, 이후 극단적인 다른 방향으로 발전했을 것이라는 결론에 도달했다. 금성은 뜨거운 지옥으로 변했고, 화성은 차가운 동토가 됐다. 둘 다 지구처럼 풍성하고 복잡한 생물권이 유지될 수 없는 것은 물론, (이마저도 가능성이 작지만) 아주 낙관적인 각본에서조차 극도로 내성이 강한 미생물만이 생존할 수 있는 곳이 됐다. 이처럼 금성과 화성이 지구와 전혀 다른 발전 경로를 따른 이유는, 두 행성의 기후 조건이 균형을 유지하지 못했기 때문이다. 이 균형은 다양하고 복잡한 요소들에 의해 조절되는데, 생명체가 안정적으로 존재할 수 있는 환경 범위를 조금이라도 벗어나면 곧바로 문제가 일어난다.

최근 수십 년 동안 개선된 기후 모형으로 확인한 바로는, 지구의 경우 대기 중에 포함된 이산화탄소 양이 지구의 장기적인 기후 안정성에 결정적인 영향을 끼친 것으로 밝혀졌다. 즉, 대기 중 이산화탄소의 비율이 어느 쪽으로든 크게 바뀌었다면, 수분이 완전히 증발했거나 반대로 얼어붙는 상황으로 전개됐을 것이다. 그게 어느 쪽이었든 몇백만 년 만에, 지구도 금성과 화성처럼 생명체에 적대적인 행성으로 변했을 것이다.

지구가 수십억 년 동안 큰 온도 변화를 겪으면서도 생존 가능한 상태를 유지한 것은 사실상 기적에 가깝다. 이에 대해 일부 학자들은 방 온도를 일정하게 유지하는 온도조절기가 작동하는 것처럼, 생물권을 안정시킨 물리적 체계가 밑바탕에 있었기에 가능했을 것이라고 분석한다. 또 다른 일부 학자들은 생물권 자체가 지구와 상호작용해 그 구성을 변화시킴으로써, 궁극적으로 생존에 적합한 환경을 만들었을 거라고 가정하기도 한다. 이는 '가이아 가설(Gaia hypothesis)'[6]이라는 개념으로, 확실한 과학적 근거는 부족하지만 흥미로운 이론이다. 그러나 지구가 오랫동안 생명에 적합한 환경을 유지한 것이 순전히 우연일 수 있으며, 단지 우리가 운 좋게 올바른 방향으로 진행된 드문 행성 중 하나에 살고 있는 것인지도 모른다. 만약 그렇지 않았다면, 이를 설명할 사람도 없을 것이고.

　지구 생명체가 살아갈 수 있는 환경이 매우 단순한 것처럼 보이지만 실제로는 전혀 그렇지 않다. 생명에 치명적인 결과를 초래할 수 있는 요인은 꽤 많다. 행성 환경과 우주와의 복잡한 상호작용을 더 잘 이해하게 되면서 그 목록도 계속해서 늘어나고 있다. 태양계를 비롯해 최근 몇 년간 발견된 다수의 새로운 행성들을 연구하면서, 사막과 같은 불모의 세계와 생명을 유지할 수 있는 행성 간의 차이가 매우 다양한 독립 변수들에 의해 결정된다는 사실을 점점 더 잘 이해하게 됐다. 예를 들어, 행성이 공전하는 중심 별의 유형, 우주 방사선의 양, 초신성(Supernova)* 폭발이나 다른 잠재적으로 해로운 천체물리학적 현상과의 거리와 빈도, 소행성 및 혜성과의 충돌 가능성, 자기장과 화산 활동의 존재 등이 여기에 해당한다.

우리는 우주의 적대적인 어둠 속에서 홀로 푸른빛을 띤 지구가 황량하고 생명 없는 바윗덩어리로 바뀔 가능성이 얼마나 미세한 차이에 달려 있는지 확실히 인식해야 한다. 잘못될 수 있었던 모든 상황을 고려하면, 우리는 다른 모든 생명체와 함께 이 푸른 행성을 잠시 빌려 쓰고 있을 뿐이다. 그러니 이 멋진 세계를 더 소중히 다뤄야 한다.

╲ '사피엔스'라는 변수

인류는 겸손이라는 덕목을 가진 종이 아니다. 실제로 우리 인간은 대부분 자신의 능력을 과대평가하는 경향이 있다. 그렇기에 자신들을 필요 이상으로 더 중요한 존재로 여긴다. 이미 언급했듯이, 지구가 우리를 위해 만들어진 게 아님에도 우리는 우리 자신이 우주 역사의 주인공이라는 뿌리 깊은 믿음을 가지고 있다.

●   **별의 생애 마지막 단계에서 발생하는 거대한 폭발**. 이 폭발은 별이 자신의 핵연료를 소진한 후 겪게 되며, 극적인 광도 증가를 동반한다.

그러나 우주의 역사(138억 년)와 지구의 나이(45억 년)를 고려했을 때, 우리는 그저 순간에 불과한 시간 동안만 이 습한 표면을 거닐었을 뿐이다. 나는 이 상황을 찰떡같이 설명하는 작가 존 맥피(John McPhee)의 비유를 좋아한다. 지구 형성부터 오늘날까지의 시간이 양팔을 벌린 너비만큼이라면, 생명의 출현은 왼손 손바닥과 손목 사이 어딘가에 해당하며, 인류 역사 전체는 오른손 중지의 손톱 끝 정도에 불과하다.

이렇게 말했지만, 반대로 우리라는 존재를 하찮게 여기는 실수에 빠져서는 곤란하다. 또한, 지구와 우리가 무관하다고 여겨서도 안 된다. 이 짧은 시간 동안 우리는 지구와 생명권의 진화에 결코 무시할 수 없는 영향을 미쳤다. 약 7만 년 전, 우리 종은 문화적 성과라고 할 수 있는 인상적인 업적을 이루기 시작했다. 새로운 도구와 무기를 발명하고, 최초의 예술과 종교적 숭배를 창조하며, 점점 더 정교해진 언어를 구사함으로써 추상적이고 상징적인 사고 체계를 활용하는 길을 열었다. 이 모든 것은 동아프리카에서 출발해 불과 몇만 년 만에, 아시아에서 호주에 이르고, 아메리카에 도달할 때까지 육지 대부분을 식민화하는 동안에 이뤄졌다. 보통 이 기간은 '인지 혁명(Cognitive revolution)'으로 정의되며, 이는 지구상에서 약 250만 년 동안 생존했던 다른 호모속(Homo) 중 하나로 훗날 호모 사피엔스(Homo sapiens)가 논쟁의 여지 없이 지구의 주인이 되는 결정적인 변화를 상징한다.

호모 사피엔스의 거침없는 도약은 생명의 역사에서 독특하고 뛰어난 사건으로 정당하게 칭송된다. 문화, 사고, 상상력이 물질의 법칙과 생물학적 진화 토대 위에서 성공을 거둔 것이다. 그러나 여기에는 어두운 면도 있다. 인간은 다른 생명체들과 달리 환경에 단순히 잘 적응하기만 한 것이 아니라, 그 변화 과정에서 활발한 역할을 했다. 물론, 그 결과가 항상 자랑스러웠던 것은 아니다.

예를 들어, 우리 조상이 특정 지역에 도착한 시점과 그 지역에서 다수의 동물종이 멸종하는 현상 사이에는 놀라울 정도로 시간적 연관성이 있다(예를 들어, 우리와 동시대를 살았던 같은 호모속 이종인 네안데르탈인의 멸종은 너무도 비극적이다). 후기 플라이스토세(Late Pleistocene, 약 6만 년 전~1만 2,000년 전)의 동물군 멸종에 인간의 영향이 정확히 어느 정도였는지는 여전히 논쟁 중이지만, 약 1만 2,000년 전 농업과 문명의 시작과 함께 인간의 영향력이 명확하게 증가했다는 데는 이견이 거의 없다. 우리가 현재 속해 있는 지질 시대인 홀로세(Holocene, 약 1만 년 전~현재)는 앞선 시대에 비해 멸종이 수백 배나 증가했고, 거의 전체 생물권에 걸쳐 전방위적으로 진행되고 있다. 인간의 활동이 생물권에 직접적인 영향을 끼친 것이다. 이 과정은 '여섯 번째 대멸종(The Sixth Extinction)'으로 명명됐으며, 시간이 지남에 따라

더욱 악화돼 지난 세기에 들어서 특히 더 급격하게 가속됐다. 더 우려스러운 점은 무분별한 화석 연료 사용과 이산화탄소 배출을 여전히 줄이지 못하고 있다는 사실이다. 이제 기후 변화와 지구 온난화의 원인 제공자가 인류라는 점을 그 누구도 부인하지 않는다.

일부 학자들은 인간의 지구에 대한 영향력이 사실상 새로운 지질 시대인 '인류세(Anthropocene)'의 시작을 촉발했다고 주장하기도 한다.[7] 이 용어를 공식적으로 사용해야 하는지는 여전히 논쟁이 있지만, 우리 종의 생존을 포함해 지구 생명체에 잠재적인 위험을 끼칠 수 있는 자연적인 원인에 인간의 활동을 공식적으로 포함해야 한다는 데는 이견이 없다.

＼ 생명체, 정말 있을까?

아폴로 8호가 발사되기 몇 달 전, 1968년 4월 스탠리 큐브릭(Stanley Kubrick, 1928~1999)은 당시 분위기상 충분히 가능해 보였던 미래 청사진을 영화에 담아냈다. 〈2001: 우주 오디세이(2001: A Space Odyssey)〉에는 사람들이 지구 궤도를 도는 우주 정거장에서 상주해 일하며, 달 기지로 정기 항공편을 타고 드나드는 모습이 묘사됐다. 감독 큐브릭과 작가 아서 C. 클라크(Arthur C. Clarke, 1917~2008)의 이 영화는 미국 항공 우주국 (National Aeronautics and Space Administration, 이하 NASA)과 민간 회사들의 실제 우주 계획에 근거한 당대 최고 수준의 지식이 반 영돼 만들어졌다. 영화 속에서 지구와 달 사이를 운행하며 등장 했던 팬암(Pan Am)도 실존하는 항공사로서, 그들은 1968년부 터 1971년까지 상업적 우주여행을 원하는 고객을 대상으로 예 약을 받기도 했다. 그 수가 무려 9만 명에 달했으며, 21세기 초 에 실제로 떠날 계획까지 세웠다.

하지만 팬암은 1991년에 파산했는데, 이 일은 1960년 대 후반의 예측과 달리 전개된 많은 일 중 하나였을 뿐이다. NASA가 아폴로 임무의 또 다른 파생 계획으로 검토했던 다른 목표들도 실현되지 못했다. 1980년대에 최초로 인간을 화성에 보내겠다는 계획뿐 아니라, 지구 궤도를 도는 우주정거장 건설 과 금성 주변의 유인 탐사 계획도 모두 기약 없이 중단됐다. 실 제로, 아폴로 11호의 달 착륙 이후 우주 탐사에 대한 대중의 관 심은 빠르게 식었다. 설상가상으로 달을 두고 벌어진 소련과의 경쟁에서 미국의 승리가 명확해지면서, 정치적 지원도 줄었다. NASA의 지출 규모는 1966년 미연방 총예산의 약 4퍼센트를 차지하며 정점에 달했으나, 아폴로 8호가 달 주위를 처음 돌 무렵 예산은 이미 그 절반 수준으로 줄어든 상태였다. 이렇게 정부와 대중 모두 관심이 줄어들면서, 마지막으로 달을 다녀간

1972년 이후로는 아무도 달을 방문하지 않았다.

그러던 오늘날, 상황이 다시 바뀌었다. 우주 탐사는 이제 냉전 시대의 초강대국들만의 전유물이 아니게 됐다. 70개 이상의 국가가 자체 우주 계획을 세우고 있으며, 그중 16개국은 발사 능력을 갖췄다. 러시아와 미국뿐 아니라 유럽, 중국, 인도, 일본도 무인 탐사선을 지구 저궤도(Low Earth Orbit, LEO)˙ 너머 다른 천체에 착륙시킬 수 있는 능력을 갖췄다. 또한, 러시아, 미국, 중국은 인간을 우주로 보낼 수 있다. 하지만 최근 몇 년간 가장 눈에 띄는 변화는 민간 기업들이 경쟁에 참여하기 시작했다는 점이다. 특히, 일론 머스크(Elon Musk)의 스페이스 X(SpaceX)는 불과 몇 년 만에 미래 기술이 탑재된 새로운 로켓 개발에 성공했으며, 유인 우주 비행 분야에서 거대한 발전을 이뤘다. 머스크는 몇몇 구체적인 성과를 달성하면서 우주 탐사에 대한 대중의 관심을 다시 불러일으켰다. 그리고 공공연하게 인류가 지구를 떠나 영구히 다행성 종(Multi-planetary Species)이 되는 것이 자신의 꿈이라고 밝히기도 했다.

지구는 현재까지 우리가 알고 있는 생명체가 존재하는 우

˙ **지구 표면으로부터 약 200~2,000km 사이의 고도 궤도.** 주로 인공위성과 국제우주정거장(ISS)의 활동 영역으로, 이 고도에 위치한 위성은 지구를 한 바퀴 도는 데 90~120분 정도 걸린다.

주에서 유일한 곳이다. 우리는 얼마나 많은 다른 세계가 지구가 그랬던 변화 과정을 겪었는지, 우주에서 바라볼 수 있는 멋진 푸른 세상으로 만들어져 있는지 모른다. 그러나 지난 20년 동안 우리는 다른 별들을 도는 수천 개의 행성을 발견했고, 적어도 잠재적으로 생명체가 살아갈 수 있는 세계가 얼마나 많은지에 관한 개념을 갖기 시작했다. 가장 조심스러운 추정에 따라도, 우리 은하에는 이런 종류의 행성이 수천만 개가 있을 수 있다. 이는 우주 생명체의 존재 가능성과 그 위치에 대한 궁금증을 불러일으켰고, 인류의 불확실한 미래에 대한 대안으로서 우주에 대한 더 큰 관심으로 이어졌다.

〈2001: 우주 오디세이〉에서는 전체 인류의 역사, 즉 우리의 먼 조상이 처음으로 기본 도구를 다루기 시작한 시점부터 오늘날에 이르는 과정이, 다른 별에 도달하기 위한 큰 도약의 단순한 준비 단계로 묘사된다. 비록 영화의 많은 예측이 빗나갔지만, 지구 밖 우주에 대한 관심은 전혀 사라지지 않았다. 실제로 우리는 수십 년 동안 상상하기 어려운 놀라운 일들을 해냈다. 수십만 년 전에 홀연히 나타난 대형 유인원 중 한 종이 자신들이 만든 우주선을 타고 그들의 요람인 지구를 떠나 우주 깊숙이 여행하며, 다른 세계의 표면에 발을 내딛던 것이다. 이 모든 것은 우리의 조상들로부터 전해진 유산 일부로서, 생존을 위해 새로운 지평을 탐험하며 새로운 서식지를 찾도록 자극하는 본능에서 비롯됐을 것이다. 하지만 이 대목에서 몇 가지 궁금증이 들 수밖에 없다. 우리가 목격하는 이 광경은 정말 새로운 우주 시대의 서막일까? 지금까지 경험하지 못했던 새로운 우주 시대로의 확장이라는 깊은 변화의 변곡점이 될 수 있을까? 또한, 우리의 터전인 지구와 어떻게든 닮은 다른 곳이 있을까? 있다면, 정말로 그곳에 무사히 도착해 새로운 터전에서 영구히 거주할 수 있을까, 아니면 공상과학 작가들의 상상력에 갇힌 불가능한 일들일까? 특히, 우리 종의 장기적인 생존이 지구를 대체할 수 있는 행성을 찾는 것에 달려 있을까, 아니면 다른 전략을 찾는 편이 더 나을까? 이 책은 이에 대한 해법을 함께 모색하는 여정을 담았다.

지구
종말의
각본

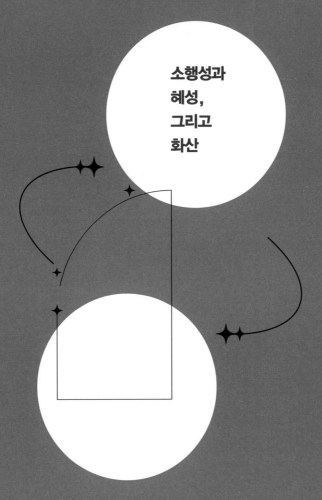

**소행성과
혜성,
그리고
화산**

존 메이너드 케인스(John Maynard Keynes, 1883~1946)가 말했듯이, 우리는 장기적으로 보면 모두 죽게 될 것이다. 멸종은 부정할 수 없는 진리다. 하지만 광대한 우주를 연구하는 천체물리학자에게 경제학자가 말하는 '긴 시간'은 상대적으로 짧게 느껴진다. 그러므로 우리 종에게 얼마나 많은 시간이 남아 있는지 파악하기 위해서는 몇 가지 기준점을 설정해야 한다.

우선, 좋은 소식은 지구가 이미 성숙기에 접어들었음에도 적어도 인간의 시간 개념으로 보면 여전히 꽤 긴 시간을 남겨두고 있다는 것이다. 지구의 자연적인 소멸은 태양의 소멸과 밀접하게 연결돼 있다. 태양은 약 50억 년 전에 생겨나 앞으로도 대략 그만큼의 시간 동안은 비교적 평화롭게 빛날 거로 예상된다. 그러나 그 시점에 이르면 태양 내부에서 핵융합 반응을 일으키는 수소가 부족해지면서, 태양은 혼란스러운 단계를 거쳐 매우 크고 밝은 별, 이른바 '적색 거성(Red giant)'*으로 변할 것이다. 그 반지름은 아마도 현재의 지구 궤도를 삼킬 정도로 커질 것이다.

따라서 지구의 최종 운명은 거의 확실하게 약 75억 년 이내에 태양에 의해 삼켜지게 된다.[1] 그후 태양은 대부분의 질량을 방출하며 점차 수축해, 밀도가 매우 높고 빛이 적은 '백색 왜성(White dwarf)'**으로 변하게 될 것이다. 이 백색 왜성은 새로운 에너지를 생성하지 않으면서 계속해서 식어간다. 먼 곳에서 이 광경을 즐길 수 있는 존재가 있다면, 희미한 색채의 성운(Nebula)이 형성되는 모습을 보게 될 것이다. 이 성운의 모습은 천체 사진 애호가들이 자랑스럽게 촬영해 관측소나 천체투영관(플라네타리움, Planetarium) 벽에 장식으로 걸어둔 아름다운

• **전성기를 벗어나 말년을 보내는 단계에서 보이는 별.** 크기가 매우 크고 표면 온도가 낮아 붉은색을 띠고 있어서 적색 거성이라고 한다. 별이 나이가 들면 핵 내부의 수소 연료가 고갈되고 중심핵이 수축하면서 온도가 상승한다. 그러면 핵 외곽부에서 핵융합이 시작된다. 이로 인해 별의 내부 압력이 증가하고, 외피가 팽창하며 광도가 증가한다. 이 과정에서 별은 더 무거운 원소인 헬륨을 연소하기 시작하며 크게 팽창하고, 광도가 높아져 적색 거성으로 변한다.

•• **평범한 별이 핵연료를 모두 소진한 후 진화의 최종 단계에서 나타나는 현상.** 별의 핵심 부분만 남아 밀도가 매우 높으며 크기는 지구와 비슷해지지만, 질량은 태양의 약 절반에 달한다. 높은 밀도로 인해 엄청난 중력을 가진다.

천체 사진들과 비슷할 것이다. 아마도 상대적으로 외곽에 있던 행성들은 어두운 우주 공간에서 꺼져버린 태양의 재 주위를 계속해서 공전하게 될 것이다. 그러나 우리가 알고 있는 태양계는 더는 존재하지 않을 것이다.

물론, 지구의 상황은 태양에 삼켜지기 훨씬 이전부터 나빠지기 시작한다. 태양의 밝기는 그 별의 생애 내내 일정하지 않지만, 일반적으로 시간이 흐르면서 증가한다. 이 말은 직관적으로 이해하기 어렵게 느껴질 수 있지만, 설명 자체는 간단하다. 별은 핵에서 생성되는 에너지 덕분에 중력 붕괴(Gravitational collapse)*에 이르지 않고 밝게 빛나는 균형을 유지한다. 하지만 핵융합 반응을 통해 에너지로 바뀔 수 있는 수소의 양은 시간이 지나면 줄어든다. 이러한 변화가 일어나면 별은 수축하고, 높아진 온도와 압력으로 인해 더 격렬하게 타오르게 된다. 즉, 초기 태양의 밝기는 현재보다 약 70퍼센트 수준으로 약했다. 이러한 추이는 미래에도 계속돼 약 1억 년마다 밝기가 1퍼센트씩 증가할 것이다.

이 정도의 증가 속도는 우리가 걱정할 정도로 빠르지 않

• **천체가 자신의 중력으로 인해 내부로부터 무너지는 현상.** 이 과정은 별이나 가스 구름 같은 천체의 내부 압력이 중력을 이겨내지 못할 때 발생한다. 별의 형성, 초신성 폭발 그리고 블랙홀의 생성과 같은 천체 물리학적 현상의 주된 원인 중 하나다.

다. 지난 20세기에 기록된 전 세계 온도 상승에 아무런 영향을 미치지 않았다. 하지만 아주 먼 미래에는 문제가 될 것이다. 약 10억 년 후, 지구가 태양으로부터 받는 에너지는 지금보다 10퍼센트 증가하고, 지구 표면의 평균온도도 약 섭씨 50도에 이를 것이다. 이는 재앙적인 결과를 초래하게 될 것이다. 바다는 증발하고, 그에 따라 대기 중에 분포한 수증기가 점점 더 두꺼운 층을 형성하게 되고, 이는 다시 온도 상승을 촉진함으로써 더 많은 증발을 유발하는 등의 과정을 반복하게 될 것이다. 그후 몇백만 년이 지나면, 지구 표면에 있는 모든 물이 대기로 증발하고, 결국 우주로 흩어지게 될 것이다. 그 시점에 이르면 지구는 메마른 황무지가 되고, 복잡한 생명체가 생존할 가능성이 거의 사라진다. 수십억 년 동안 지구를 감싸던 생물권이 더는 존재하지 않게 될 것이다.

지구는 우리의 생각보다 더 다양하고 미처 확인할 수 없는 불확실한 요소에 의해 그 미래를 달리할 수도 있다. 예를 들어, 지각과 화산 활동이 멈출 가능성도 그중 하나다. 극한의 조건에 특히 더 강한 미생물이라면, 어쩌면 지각 내부로 몸을 피하는 방식으로 계속 살아갈 수도 있다. 하지만 약 30억 년 후, 평균온도가 대략 섭씨 150도까지 올라가게 된다면 모든 생명체의 생존이 매우 어려워질 것이다. 약 40억 년 후에는 이제 통제할 수 없는 온실효과로 인해 온도가 무려 섭씨 1,000도를 넘어 지구의 지각이 녹을 정도가 될 것이다. 한때 푸르고 생명이 넘쳤던 우리 행성은 불타는 바위이자 삶이 사라진 곳이 될 것이다.

지금까지 언급한 내용은 오로지 태양의 역할만을 고려한 것이고, 기후와 환경의 균형을 바꿀 수 있는 더 큰 규모의 다른 요인들은 뺀 것이다. 예를 들어, 지구 공전 궤도가 현재와 같이 안정적인 상태로 무기한 유지될 거라 단정 짓는 것은 무리가 있다. 실제로 행성 궤도는 우리가 생각하는 것보다 훨씬 더 불안하고, 우리가 가진 가장 정교한 컴퓨터 시뮬레이션으로도 장기적으로 정확한 예측을 하는 데 어려움을 겪는다. 만약 지구의 궤도 거리나 자전축의 기울기가 미래에 크게 변한다면, 이러한 변화는 태양의 밝기 변화보다 더 큰 영향을 미치며, 기후 재앙을 빠르게 초래할 수 있다.

가장 낙관적인 가정에서조차, 앞으로 10억 년 후까지 지구가 (적어도 일반적으로 이해되는 의미에서) 거주 가능할 것이라 보기는 어렵다. 그 시기에 이르면, 지구라는 곳은 확실히 생명체가 가득한 행성에서 생명체가 살기 어려운 세계로 변해 있을 것이다. 하지만 10억 년이라는 시간은 어떤 종의 지속기간, 특히 우리 인류의 지속기간과 비교했을 때 객관적으로 매우 긴 시간이다. 겨우 수백만 년 전, 호모속의 첫 주자들이 두 발로 걷기 시작하며 돌로 만든 기본적인 도구를 사용하기 시작했고,

이제 막 그 후손들이 우주로 탐사선을 보내고 전자 장치를 사용해 자신들의 인지 능력을 개선하고 있을 뿐이다(물론, 그 능력을 흐리게 만드는 데도 성공적이다). 그러므로 앞으로 10억 년 동안 인류에게 무슨 일이 일어날지 상상하기란 불가능하다.

　확실한 건 우리에게 준비할 충분한 시간이 있다는 것이다. 하지만 그사이에 다른 잘못된 일들이 일어날 수 있다.

╲　하늘에서 내려오는 죽음

2013년 2월 15일, 지름 약 20미터에 이르는 소행성이 지구 대기권으로 진입해 첼랴빈스크(Chelyabinsk) 상공 20~30킬로미터 지점에서 폭발했다. 첼랴빈스크는 시베리아의 인구 100만이 넘는 도시다. 비록 지상에 도달한 파편들이 직접적인 피해를 주지 않았지만, 대기 중 충격파는 히로시마에 투하된 원자폭탄보다 수십 배 더 큰 에너지를 방출했다. 이 사건으로 인해 몇십 킬로미터 반경 내에서 많은 사람들이 공황 증상을 보였으며, 7,000개 이상의 건물이 파손됐다. 또한, 신기한 빛을 보기 위해 창가에 다가갔던 사람 중 1,000명 이상이 폭발로 인해 유리창이 깨지면서 상해를 입었다. 인터넷에는 당시 소행성이 이동하며 하늘에 남긴 불꽃의 꼬리와 폭발 당시 및 그 직후의 실시간 상황이 담긴 동영상이 많이 올라와 있다. 첼랴빈스크 사건은 물건과 사람에게 중대한 영향을 미친 소행성 충돌의 가장 최근이자 가장 잘 정리된 사례다. 하지만 과거에도 이와 비슷한 사건이 일어났다는 간접적인 증거가 있다. 예를 들어, 1908년에는 시베리아의 퉁구스카(Tunguska) 강 지역에서 거대한 폭발이 발생해 2,000제곱킬로미터 이상의 광활한 숲을 완전히 파괴했다. 이 사건은 지름 약 50미터의 운석이 대기와 충돌하면서 발생했을 개연성이 높은 것으로 분석된다. 만약 똑같은 일이 첼랴빈스크처럼 인구 밀집 지역에서 발생했다면 분명히 수많은 사망자가 발생했을 것이다. 또한, 사료로는 남아 있지 않지만 아주 먼 과거에 일어난 훨씬 더 강한 충돌의 증거도 있다. 예를 들어, 애리조나 사막에는 깊이가 약 170미터, 지름이 약 1,200미터에 이르는 큰 충돌구가 있다. 글자 그대로 '운석 충돌구'라는 뜻을 가진 메테오 크레이터(Meteor Crater)라고 불리는 곳으로, 약 5만 년 전 지름 50미터 크기의 금속성 운석과의 충돌로 생긴 것으로 추정된다.

지구와 종종 충돌할 가능성이 있는 태양계 내 천체는 주로 혜성과 소행성 두 가지 유형이다. 둘 다 행성이 되지 못한 잔재로, 우주 공간을 떠돈다. 혜성은 대부분 얼음과 먼지처럼 보이는 휘발성 물질로 이뤄져 있어서 '더러운 눈덩이(Dirty snowball)'라고도 불린다. 보통 해왕성 궤도 너머 태양계의 가

미국 애리조나주의 운석 충돌구. 약 5만 년 전, 지름 약 50미터 규모 금속성 운석과의 충돌에서 생성된 것으로 추정된다. 지름 약 1,200미터, 깊이 약 170미터에 이르는 이 충돌구는 지구상에서 가장 잘 보존된 충돌구 중 한 곳이다.

ⓒUSGS

장 어둡고 먼 곳에 머물지만, 가끔 이유를 알 수 없는 교란 때문에 태양 쪽으로 밀려 들어오는 경우가 있다. 혜성은 이런 이례적인 특성 탓에 천문 애호가들에게 큰 관심을 받곤 한다. 반면에 소행성은 암석과 금속으로 이뤄진 덩어리로, 몇 밀리미터에서 몇 킬로미터 크기까지 다양하게 존재한다. 대부분은 화성과 목성 사이의 궤도에 있는 소행성대에 집중돼 있지만, 일부는 지구 궤도와 교차하기도 한다.

지질학적 역사에 남겨진 흔적들을 보면, 혜성과 소행성은 지구와 일정한 빈도로 충돌했으며 이러한 충돌이 상당한 피해를 일으킬 수 있다는 점은 꽤 확실해 보인다. 당연히 더 큰 천체가 큰 피해를 주는 것도 분명하지만, 충돌의 결과를 예측하기 위해 고려해야 할 유일한 요소는 크기만이 아니다. 밀도가 낮은 천체는 대기와 접촉할 때 더 쉽게 분해될 수 있으며, 같은 크기라도 주로 얼음으로 구성된 혜성보다는 금속성 소행성이 훨씬 더 큰 피해를 줄 가능성이 크다. 또 속도도 중요한 요소로, 보통은 초속 몇 킬로미터지만 태양계 외곽 지역에서 오는 혜성의 경우에는 초속 70킬로미터에 이를 수 있다. 마지막으로, 충돌 때 대기와 부딪히는 충돌 각도도 결과에 큰 영향을 미친다. 대기를 스치듯 들어오는 천체는 수직으로 침투하는 천체에 비해 지표면에 도달하지 않고 공중에서 폭발할 가능성이 더 크다.

어쨌든 일반적으로 지름 20미터 미만인 천체는 대기에서 마찰로 인해 분해되거나 심지어 기화돼 대개는 큰 문제를 일으키지 않는다. 따라서 첼랴빈스크에 떨어진 운석은 상당한 피해를 줄 수 있는 한계에 다다른 크기로, 아마도 다른 각도로 충돌했다면 매우 심각한 결과를 초래했을 것이다. 지름 100미터 이상인 물체가 인구 밀집 지역에 충돌한다면 그 지역에는 엄청난 재앙이 될 것이다.

추락 지점과 관계없이 지름이 1킬로미터를 초과하는 천

체가 지구와 충돌하면, 전 지구적인 문제를 일으킬 수도 있다. 가장 심각한 경우, 생명체 다수의 멸종과 심지어 우리 문명의 종말을 가져올 수도 있다. 이처럼 큰 천체와의 충돌은 약 6,500만 년 전, 백악기(Cretaceous period) 대멸종을 일으켰거나 적어도 그 발단의 요인이 된 것과 비슷한 수준의 영향을 끼칠 수 있다. 이 사건으로 지구상의 식물과 동물 중 4분의 3이 사라졌고, 잘 알려진 바와 같이 공룡도 사라졌다. 이 충돌의 흔적은 멕시코 유카탄반도에 부분적으로 묻혀 있는 칙술루브 충돌구(Chicxulub crater)에서 찾을 수 있다. 지름만 약 180킬로미터에 이르는 충돌구의 규모로 볼 때 소행성의 지름이 최소한 10킬로미터 정도였을 것으로 추정된다. 이탈리아 구비오(Gubbio)를 포함해 전 세계 여러 지역의 그 당시 퇴적물에서 소행성에 매우 풍부한 광물인 고농도의 이리듐이 발견된다. 또 충돌 지역 주변에는 100미터가 넘는 거대한 쓰나미의 흔적도 발견된다. 백악기 대멸종은 운석 충돌이 생물권에 직접 영향을 미쳐 일어났다기보다 충돌로 인해 생성된 먼지가 태양 빛을 가려 광합성을 멈추게 하고, 결국 식물과 동물의 먹이사슬이 붕괴된 것이 더 큰 원인이 됐을 것이다.

지구가 소행성과 충돌할 확률

지구가 크고 작은 천체들과 충돌하는 빈도는 얼마나 될까? 이 자료는 가까운 미래에 발생할 수 있는 잠재적인 재해를 우리가 얼마나 걱정해야 하는지 이해하는 데 필수적이다. 이를 이해하기 위한 가장 좋은 방법은 지구 표면에 남은 충돌구를 찾아 그 역사를 재구성하는 것이다. 하지만 아쉽게도 지구의 지질 활동과 대기 침식이 꾸준히 지구의 표면을 변화시켰기 때문에 고대에 일어났던 충돌 흔적을 찾기란 어렵다. 우리는 약 200개의 충돌구만을 알고 있으며, 특히 더 작은 충돌구는 매우 찾기 어렵다. 따라서 우리가 가진 통계적 표본은 매우 불완전하고, 때로는 오해의 소지가 있다.

하지만 다른 방법이 있다. 대기나 지질 활동이 표면을 변형시킬 수 없는 달 충돌구를 관찰하면 지난 수십억 년 동안 달과 충돌한 천체들과 그 크기에 대한 정확한 통계를 얻을 수 있다. 달과 지구의 충돌 빈도가 비슷하다고 가정하면, 이 흔적을 바탕으로 지구가 특정 시간 동안 다양한 크기의 천체와 충돌할 확률을 추론할 수 있다.

이미 말했듯이, 더 큰 천체와의 충돌은 일반적으로 더 작은 천체와의 충돌보다 더 위협적일 것이다. 하지만 다행히도 큰 천체와의 충돌은 훨씬 더 드물다. 단순하게, 태양계에 큰 천체보다 작은 천체가 훨씬 더 많기 때문이다. 대량 멸종을 일으킬 가능성이 있는 지름 10킬로미터짜리 천체가 하나 있다면, 대략 1킬로미터짜리 천체가 100개 정도 있고, 지름 1킬로미터짜리 천체가 하나 있다면, 그보다 작은 지름 100미터짜리 천체가 100개 있다. 이런 식의 비율로 천체들이 존재한다.[•]

결론적으로, 첼랴빈스크와 같은 사건은 100년에 몇 번, 퉁구스카와 같은 사건은 대략 600년마다 한 번씩 일어날 수 있다. 지름 1킬로미터 정도 되는 천체와의 충돌은 평균적으로 100만 년에 한 번 일어나며, 칙술루브와 같은 유형의 충돌은 1억 년이나 그 이상에 한 번 일어난다.[2] 즉, 우리 생애 중에는 소행성이나 혜성과의 충돌로 인한 전 지구적 재앙을 크게 걱정할 필요가 없다. 물론, 첼랴빈스크에서 발생한 것처럼 비교적 작은 크기의 천체와의 충돌도 큰 문제를 일으킬 수 있다는 사실은 유념해야 한다.

한 가지 염두에 둬야 할 사실은 이러한 추정치가 확률적이라는 것이다. 이는 위험의 대략적인 틀을 제공하지만, 다음에

• **소행성의 크기와 분포의 상관관계는 멱법칙(Power law)에 근거한다.** 멱법칙은 크기가 작아질수록 그 개수가 기하급수적으로 증가하는 관계를 나타내는 법칙으로, 실제 소행성 크기 분포에 관한 연구에도 잘 들어맞는다. 그러나 이 법칙은 어디까지나 근사치로, 완벽하게 들어맞지 않을 수 있다.

언제 잠재적으로 재앙이 발생할지 정확히 알려주지는 않는다. 공룡의 멸종을 초래한 재앙이 내일이나 내년에 일어날 가능성도 전혀 배제할 수 없다. 불행히도, '낮은 확률'이 '불가능'을 의미하지는 않는다.

결국, 우리가 안심할 수 있는지 아니면 임박한 충돌에 대비해야 하는지 알 수 있는 유일한 방법은 하늘을 끊임없이 관측하고 잠재적 위험을 사전에 식별하는 것이다. 이는 결코 쉬운 일이 아니다. 왜냐면, 이들 천체는 천문학적 규모에서 매우 작고, 빛이 거의 없으며, 어두운 우주 공간 배경을 빠르게 지나가기 때문이다. 첼랴빈스크의 예에서 보듯이, 작은 소행성은 대기와 충돌할 때까지 전혀 눈에 띄지 않을 수 있다. 이론적으로 더 큰 천체는 더 일찍 발견될 수 있지만, 이것 역시 전 세계에 퍼진 관측망과 많은 자원을 필요로 한다.

＼ 관측하고, 예측하라

실제로, 오늘날에는 지구 근접 궤도로 접근하는 천체를 실시간으로 감시하는 프로그램을 갖추고, 이를 통해 미래에 잠재적 위험을 초래할 수 있는 천체를 식별하려고 노력하고 있다. 이러한 관측을 조율하는 기관으로 NASA의 행성 방어 조정실(Planetary Defense Coordination Office, PDCO)과 유럽 우주국(European Space Agency, 이하 ESA)의 근지구 천체 조정 센터(Near-Earth Object Coordination Centre, NEOCC)가 있다.

매년 '근지구 천체(near-Earth Object, NEO)'라 불리는 수천 개의 천체가 발견된다. 실제로, 소행성이나 혜성이 지구 궤도로부터 최소 거리가 5,000만 킬로미터(즉, 지구와 태양 사이 거리의 1/3) 이내로 가까워지면 근지구 천체로 분류한다. 현재까지 지름이 1킬로미터 이상인 근지구 천체는 약 1,000개 정도 발견됐으며, 이는 이 정도 크기의 전체 근지구 천체 대비 약 95퍼센트에 해당된다. 즉, 대부분 발견된 것으로 파악하고 있다. 또한, 통계적 추정에 따르면 지름이 140미터를 초과하고 1킬로미터 미만인 근지구 천체도 전체 약 2만 5,000개 중 3분의 1 정도가 이미 발견된 것으로 추정된다. 근지구 천체라고 해서 모두 위험한 건 아니다. 다만 밀접하게 감시해야 한다는 뜻이다. 근지구 천체의 지름이 140미터를 초과하고 그 궤도가 지구와 교차할 때만 '잠재적으로 위험한 천체(Potentially Hazardous Object, PHO)'로 식별된다. 이 역시 반드시 임박한 재앙을 의미하는 것은 아니다. 그보다는 위험을 더 세심하게 평가할 필요가 있다는 신호로 보는 것이 옳다.

어쨌든, 계속해서 관측해야 한다. 아직 알려지지 않은 천체가 어떤 위험을 일으킬지 알 수 없기 때문이다. 또 지난 몇 년 동안 진행된 많은 관측에도 불구하고, 적지 않은 근지구 천체가 이와 별개로 진행된 다른 관측 과정에서 새롭게 발견됐다는 점을 기억해야 한다. 게다가 소행성과 달리 긴 궤도를 가진 혜성은 매우 불규칙한 궤도로 이동하기 때문에 대개는 지구와 상당히 가까워진 후에나 발견된다. 2020년 3월에 발견된 니오와이즈(C/2020 F3, Neowise) 혜성이 그 대표적인 경우로, 지름 약 5킬로미터인 이 혜성은 지구와 가장 근접한 위치(약 1억 킬로미터, 꽤 안심할 수 있는 거리)에 도달하기까지 불과 4개월 남겨놓고 발견됐다. 다행히 니오와이즈 혜성은 지구와의 충돌 경로에 있지 않았다. 아마도 다음에 다시 지구 근처로 되돌아오려면 6,700년이 걸릴 것이다. 어쨌든 소행성은 궤도를 예측하고 실시간 감시하는 것이 효과적이지만, 혜성은 이러한 전략이 잘 들어맞지 않는다. 또한, 혜성은 소행성보다 밀도는 낮지만, 일반적으로 크기가 더 크고 속도도 훨씬 빠르다. 따라서 긴 궤도를 가진 장주기 혜성은 소행성보다 훨씬 더 큰 위협이 될 수 있다.

　통계적으로 볼 때, 갓 발견된 소행성이나 혜성이 지구와의 충돌 궤도에 있을 확률은 정말 낮다. 하지만 이런 종류의 새로운 천체가 발견될 때마다 가능한 한 가장 정밀하게 그 미래의 궤도를 계산해야 한다. 이 과정은 간단하지 않다. 태양계 행성들의 중력 영향이나 태양 방사선과 같이 결과에 영향을 미칠 수 있는 여러 변수를 고려해야 하기 때문이다. 이러한 탓에, 시간의 변화에 따른 천체의 속도와 위치를 추적하고, 이를 여러 번 반복해서 점점 더 정확한 측정값을 도출해내야 한다. 그러나 100년 뒤 미래를 충분히 정확히 예측하기란 사실상 불가능하다. 현재, 다음 세기에 잠재적 충돌 가능성이 조금이라도 있는 위험한 천체 목록에는 약 20개의 소행성이 포함돼 있으며,[3] 이 목록은 새로운 관측과 계산을 바탕으로 꾸준히 갱신된다. 일반적으로 예측 정확도가 향상되면서 목록에 있던 천체들을 지우곤 한다.

이러한 과정의 주목할 만한 예는 2004년 12월에 있었다. 당시 계산에 따르면, 아포피스(Apophis)라는 소행성은 2029년에 지구와 충돌할 확률이 2.7퍼센트로 계산됐다. 위험은 낮았지만 절대 무시할 수 없는 위험 확률이었다. 이는 실시간 감시 체계가 도입된 이래 가장 높은 충돌 위험도를 나타낸 소행성이었다. 하지만 며칠 후 새로운 추정치에 따라 충돌 확률이 0으로 조정됐고, 이에 따라 아포피스는 현재 잠재적 충돌 목록에서 제외됐다.

＼ '충돌'에 대비하다

만약 위협적인 크기의 천체가 거의 확실히 지구와 충돌할 것으로 예측된다면 어떤 조치가 이뤄질까? 발견 후 몇 시간 안에 전 세계 과학 커뮤니티가 개입하게 되며, 따라야 할 절차에 관한 규약이 있다. 취할 수 있는 대책은 대비할 시간과 천체의 유형에 따라 달라진다. 천체가 작다면, 가장 먼저 해야 할 일은 충돌 지점을 정확히 평가하고 가능한 피해 범위를 파악해야 한다. 운이 좋다면, 천체는 사람이 없는 불모지나 바다에 떨어질 수 있다. 하지만 예상 충돌 지점이 인구 밀집 지역에 해당한다면, 주민들을 대피시켜야 한다. 지름 십수 미터 내외의 충분히 작은 천체의 경우, 피해는 지역적으로 제한되며 그럭저럭 감당할 수 있는 수준에 그칠 수 있다. 그러나 이러한 전략은 더 큰 천체에 대해서는 효과가 없다. 큰 천체는 매우 넓은 지역에 혼란을 초래하고, 잠재적으로 전 지구적인 파괴를 일으킬 수 있다. 만약 충분한 시간이 있다면, 가장 좋은 방법은 우주선을 보내 천체의 궤도를 변경하는 것이다. 예를 들어, 우주선의 중력을 이용하거나* 충돌 등 물리적 힘을 가해 그 궤도를 바꾸는 방법이다. 충돌 궤도에 들어서기 수년 전에 이런 조치를 한

● **우주선을 천체 근처로 보내 우주선 자체 중력이 천체의 궤도에 영향을 주도록 하는 기술을 말한다.** 우주선이 천체와 충돌하지 않고도 천체의 궤도를 미세하게 수정하는 방법으로, 중력 트랙터(Gravity tractor) 기술로 알려져 있다.

다면, 경로의 작은 변화만으로도 충돌 확률을 줄이거나 없앨 수 있다. 실제로, NASA의 다트(이중 소행성 궤도 변경 시험, Double Asteroid Redirect Test, DART) 임무는 이 전략을 시험한 첫 번째 시도였다. 이 실험은 디디모스(Didymos)라는 소행성과 그 주위를 도는 작은 위성 디모르포스(Dimorphos)를 대상으로 진행됐다. 이들은 지름이 각각 780미터와 160미터이며, 지구로부터 약 1,100만 킬로미터 떨어진 거리에서 디모르포스가 디디모스를 공전하는 이중 소행성 구조를 이룬다. 다트 우주선은 초속 약 6킬로미터의 속도로 작은 소행성 디모르포스에 고의로

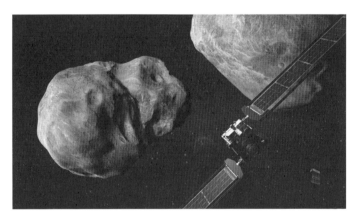

NASA의 다트 우주선과 이탈리아 우주청(ASI)의 리시아큐브(LICIACube) 우주선이 디디모스 이중 소행성에 접근하는 모습을 그린 상상도. 이 임무는 지구를 위협할 수 있는 소행성의 궤도를 변경하는 기술을 시험하기 위한 것으로, NASA와 여러 국제 우주 기관들이 협력 수행하고 있다.

[ⓒNASA/Johns Hopkins APL/Steve Gribben]

충돌함으로써, 천체의 궤도 주기를 단축시키고, 이런 방식의 조작이 더 큰 천체에 대해 효과가 있는지에 대한 실마리를 얻고자 했다. 결국, 다트 우주선은 디모르포스의 공전 주기를 짧게 만듦으로써 궤도 변경이 가능하다는 사실을 입증했다.

그러나 시간이 거의 없다면, 할리우드 영화처럼 소행성을 더 작은 조각들로 분쇄하는 방법이 유일한 선택지가 될 것이다. 대표적으로, 핵무기를 사용하는 것이다. 결과적으로 이때 생기는 파편들은 여전히 지구와 충돌할 가능성이 있지만, 원래 천체가 일으킬 수 있는 충돌보다는 피해가 적을 것이다.[4] 하지만 이 방법이 효과적일지는 분명치 않다. 오직 최후의 수단으로 검토돼야 한다.

현재까지 이 모든 해결책은 이론적인 수준에서 검토되고 있을 뿐, 다행히 실제 상황에서 실행된 적은 없다. 특히 더 큰 천체에 의해 위급한 상황에 맞닥뜨린다면 상황이 매우 절망적일 것이다. 결국, 우리가 사용할 수 있는 최선의 무기는 단 하나, 바로 지식이다. 하늘을 계속 관측하며, 가능한 위협을 미리 발견할 수 있는 기술을 점차 개선해야 한다. 동시에 그러한 위협에 대처할 새로운 해결책도 찾아내야 한다.

이와 별개로, 몇 세기 내에 이러한 충돌이 문명을 파괴하거나 심지어 인류를 멸종시킬 위험성이 있다는 사실도 반드시 기억해야 한다. 분명 그 가능성은 매우 낮지만, 완전히 무시할 수만은 없다. 영원히 피할 수도 없고, 공룡의 멸종을 일으켰던 그때 그 사건처럼 언젠가 다시 일어날 것이다. 하지만 다행스러운 점은 시간이 지날수록 우리가 이러한 위협에 준비하고 대응할 수 있는 능력이 더 향상되고 있다는 사실이다.

화산의 대폭발과 초신성

소행성, 혜성과의 충돌은 지구에서의 장기 거주 가능성을 갑자기 위협할 수 있는 가장 뚜렷한 자연적 사건들이고, 그나마 이것들은 우리가 이해하고 예측하기 가장 쉬운 경우다. 이론적으로, 대량 멸종과 같은 심각한 결과를 초래할 수 있는 다른 현상들도 있다.

예를 들어, 화산 폭발은 일부 지역에만 국한해 심각한 피해를 주는 것이 아니라, 지구의 대기 구성에도 영향을 미치고, 장기간에 걸쳐 지구의 기후를 바꿀 수 있다. 1815년의 탐보라(Tambora) 화산 폭발과 1883년 크라카타우(Krakatau) 화산 폭발은 전 세계적으로 평균온도를 거의 1도나 낮췄고, 몇 달 동안이나 계속되면서 대규모 기근과 인구 감소를 불러왔다. 특히 탐보라 화산 폭발이 있었던 그 이듬해, 1816년은 평년보다 추운 날씨 때문에 훗날 '여름 없는 해(Year Without a Summer)'로

위성에서 찍은 탐보라산 정상. 1815년 4월 5일에 발생한 이 폭발은 홀로세(1만 년 전 ~현재) 기간 중 일어난 가장 강력한 화산 폭발로, 전 세계적인 이상기후를 일으켰다. 이때 형성된 칼데라는 지름 6킬로미터, 깊이 약 1,100미터에 달하며, 이곳은 지금도 활화산 지역으로 남아 있다.

ⓒNASA

불리게 됐다.

하지만 이 두 폭발은 최근 역사에서 가장 큰 자연재해였음에도 약 7만 5,000년 전에 발생한 인도네시아 토바(Toba) 화산의 끔찍한 폭발에 비하면 아무것도 아니었다. 이때 대기로 퍼진 먼지와 화산재가 태양 빛을 차단하면서, 몇 년 사이에 지구 평균온도가 5~15도나 떨어졌다.[5] 이 엄청나고 복잡한 폭발의 파장을 고려한다면, 아마도 수십 년간 전 지구적인 이상기후가 지속됐을 것이다. 일부 학자들은, 이때 살아남은 인류가 수천 명에 불과했을 만큼 멸종 직전에 이르렀을 거라고 추정하기도 한다. 이 마지막 가설을 모두가 받아들이는 것은 아니지만, 토바와 비슷한 수준의 화산 폭발이 다시 일어난다면 지구 기후에 심각한 영향을 미칠 것이라는 점은 분명하다. 아마도 한동안 그 영향 아래에서 혹독한 환경 속에서 살아가야 할 것이다. 과거 폭발의 빈도를 연구한 결과, 이러한 규모의 초대형 폭발은 대략 5만 년 주기로 한 번씩 발생했던 것으로 추정된다. 현재까지 우리는 화산 폭발을 예방할 방법이 없다. 할 수 있다면 그저 그 영향을 완화하는 것뿐이다.

지구 내부에서 우주 깊숙한 곳으로 시선을 돌려, 지구 생명체에 대한 무시할 수 없는 위협 중 하나는 가까운 거리에서 발생하는 초신성 폭발이다. 초신성은 가장 거대한 별들이 생애 마지막 단계에서 겪는 가장 격렬한 천체물리학적 현상 중 하나로, 상대적으로 지구와 가까운 거리에서도 발생할 수 있는 극단적인 사건이다. 하지만 초신성이 지구 생명체에 유의미한 영향을 끼치려면, 우주적인 거리에서 정말 가까워야 한다. 태양계에서 가장 가까운 항성계 알파 센타우리(α Centauri)보다 훨씬 더 멀찌감치 있다면 이 경우에 포함되지 않는다.[6] 초신성 폭발이 과거 대량 멸종에 어떤 역할을 했는지 명확하지 않지만, 지구 표면에 자외선을 일시적으로 증가시켜 해양과 육상 종들에 무시할 수 없는 영향을 미칠 수 있다. 그러나 초신성의 발생은 극히 드문 사건이다. 수억 년 내에 태양계 인근에서 초신성이 폭발할 가능성은 매우 희박하다. 결국, 우리가 걱정할 일은 아니다.

대가속이 의미하는 것

슬픈 진실은, 이제 우리의 생존에 가장 심각하고 즉각적인 위험이 외부에서만 오지 않는다는 것이다. 우리에게 가장 큰 적은 우리 자신이다. 지난 수십억 년 동안 모든 종의 멸종 위험이 자연적인 원인에 국한됐으나, 이제는 그것만이 아니다. 점차 우리의 자멸 가능성이 빠른 속도로 그 자리를 차지하고 있다.

　문제의 핵심은 간단하다. 오늘날 인간의 활동은 전 지구적 변화를 일으키는 주된 요인이 됐다. 다시 말해, 지구계는 더는 약 45억 년 동안 그래왔던 것처럼 자연에 의해서만 제어되지 않고, 우리 종의 선택과 행동에 따라 주된 영향을 받고 있다. 이 선택과 행동도 자연의 한 과정이라고 말할 수 있지만, 무엇을 말하는지는 여러분이 더 잘 알 것이다. 우리 종은 생물권의 작은 일부로서 오랫동안 조용히 살아왔지만, 아주 짧은 시간 내에 전체 생물권의 조종석을 장악했다.

　물론, 이 일은 그 자체로 좋은 측면이 있다. 문명의 진보로 인류의 일반적인 조건이 크게 개선됐다. 과거 우리의 조상들이 겪었던 비루한 삶의 여러 원인, 이를테면 기근, 질병, 자연재해 등의 상당 부분을 적어도 부분적으로 통제할 수 있게 된 것이므로 이는 분명히 다행스러운 일이다. 순전히 물질적인 면에서 볼 때, 21세기 선진국의 평범한 사람은 평균적으로 20세기 초반의 왕보다 더 나은 삶을 산다.

특히 18세기 산업혁명 이후로 여러 개발 지표들의 성장은 눈에 띄게 증가했으며, 20세기 중반부터 그 정도가 더 두드러졌다. 이 현상은 이른바 '대가속(The Great Acceleration)'[7]으로 불리며, 에너지와 물 소비, 비료 사용, 세계 인구와 도시 인구, 교통 및 통신망, 그리고 악명 높은 국내총생산(GDP) 등 오늘날 여러 측면의 급격한 변화를 설명한다.

그러나 이 모든 것은 대가를 치러야 한다. 사회 경제적 지표상 대가속은 지구계의 파괴도 마찬가지로 크게 가속화시켰다. 쉽게 말해, 인류가 삶을 개선하려고 노력할수록 지구의 건강도 그만큼 나빠졌다. 지난 세기 동안 생물종의 멸종 속도는 통제 불가능할 정도로 전례 없이 증가했으며, 전체 생태계가 큰 상처를 입었다. 경작이나 목축에 사용되지 않은 천연 상태의 땅이 줄었으며, 열대우림도 빠른 속도로 줄어들었다. 반면, 인간의 활동으로 인해 이산화탄소, 메탄, 아산화질소와 같은 온실가스의 대기 중 농도는 극적으로 증가했다. 해양은 산성화됐고, 잘 알려진 바와 같이 지구 평균온도도 우려스럽게 올랐다.

생명은 늘 지구 환경을 변화시켰고, 그 변화에 맞춰 적응하는 법을 찾아냈다. 약 20억 년 전, '남세균(藍細菌, Cyanobacteria)'으로 불리는 일부 단세포 생물체들은 태양 빛에서 에너지를 추출하는 새롭고 효율적인 방법을 찾아냈다. 즉, 산소 광합성을 발견함으로써 지구의 역사에서 가장 근본적인 혁신을 일으켰다. 이 변화는 거대한 지구적 차원의 재앙을 촉발했다. 광합성으로 대기 중에 방출된 산소는 그 시점까지 지배적이었던 미생물들을 거의 완전히 멸종시켰는데, 이 미생물들에게는 산소가 독으로 작용했다. 하지만 산소 농도의 증가는 생물계에 또 다른 변화를 가져와, 호흡을 가능하게 함으로써 동물 생명체를 폭발적으로 증가시켰다.

따라서 인류가 지구를 자신들의 삶에 맞춰 변형시키려는 것은 자연스러운 일이다. 마찬가지로 자신들의 행동에 따른 고통을 경험하기 시작한 것 또한 자연스러운 일이다. 그러나 우리가 사는 시대를 특별하게 만드는 것은 이러한 현상들이 매우 빠르고 광범위하게 일어나고 있으며, 우리가 이를 통제하기 어려운 상황에까지 내몰렸다는 사실이다. 지구의 평형을 조절하는 지구물리학적 과정도, 생물학적 적응도 대가속의 속도를 따라잡지 못하고 있다. 더 걱정스러운 점은 이러한 많은 변화가 되돌릴 수 없게 될 수 있으며(혹은 이미 그랬을 수 있다), 그로 인해 전혀 예측할 수 없는 또 다른 문제가 발생할 수 있다는 것이다. 흔히 복잡계(Complex systems)*는 한 번 임계점을 넘어서면 연쇄적인 현상이 일어나 원래 상태로 돌아갈 수 없게 되는데, 지구는 그 어떤 복잡계보다 무수한 요인이 서로 얽혀 있다.

이 모든 것에는 너무 빠른 변화가 일으키는 사회적 비용도 추가돼야 한다. 자원을 두고 벌이는 경쟁, 이주, 전염병, 경제 체계의 붕괴, 불평등의 증가와 복지의 소멸은 광범위한 긴장과 충돌을 일으키는 원인이 된다. 이 대목에서 기억해야 사실이 있다. 인간에 의해 초래된 환경 변화를 경고할 때, 이 말이 곧 생물권이 지구에서 완전히 사라진다는 경고가 아니라는 점이다. 지구와 전체 생물권은 그보다 훨씬 더 큰 위기도 견뎌낼 수 있다. 위험에 처할 수 있는 종은 우리 인간이다. 고생스럽게 세운 문명이 무너질 위험도, 수천 년 전 원시시대로 되돌아가야 할지 모르는 위험도 우리의 문제다. 최악의 경우, 우리 종은 생명이 존재한 이래로 명멸한 다른 수많은 종과 그 운명을 함께 해야 할 수 있다.

● **상호작용하는 복잡한 구성 요소들로 이뤄진 체계.** 복잡계는 다중의 요소들이 복잡한 인과관계로 얽혀 있어서 단순한 방정식이나 논리로 설명하기 어렵다. 구성 요소 간 상호작용이 전체 체계의 움직임에 큰 영향을 미친다. 따라서 종종 예측 불가능한 움직임이 일어나며, 작은 변화가 전체 체계에 큰 영향을 미치기도 한다. 그 대표적인 예로는 생태계, 생명체, 기후, 금융 시장 등이 있다.

일부 낙관론자들은 '대가속'이 환경 위기를 포함한 모든 위기를 극복하고 인류에게 더 나은 미래를 만들어줄 해결책이 될 것이라고 말한다. 이들은 전 지구적 부의 증가와 기술적 진보가 우리 앞에 놓인 도전을 이겨내게 하고, 우리가 초래한 어려움을 극복하는 데 필요한 수단을 만들어낼 것이라고 믿는다. 그러나 비관론자들은 폭주 기관차와 같은 물질적 발전이 이익보다 더 많은 위험을 초래했으며, 생명의 역사에서 전례 없는 파괴적 영향력을 행사하고 있다고 반박한다. 그러나 각각의 견해에 동의하든 그렇지 않든, 핵전쟁부터 생물학적 테러리즘, 정보 통신망과 에너지 망의 마비, 통제에서 벗어난 인공지능에 이르기까지, 상상할 수 있는 디스토피아적 각본이 우리의 능력이 커짐에 따라 비례해 늘어난 것만은 사실이다.[8]

"지구를 떠나야 살 수 있다"

우리는 누구나 운명에 대해 비관적이거나 낙관적일 수 있다. 그러나 한 가지 분명한 사실은 인류의 멸종 가능성을 증가시키는 데 인류 스스로 큰 역할을 하고 있다는 것이다. 또한, 기술 진보가 우리 종의 생물학적 한계를 뛰어넘게 할 것이라고 낙관하는 사람들이 있지만, 그런 방식의 진보라면 인류를 조기에 종말로 이끌 가능성이 있다는 사실도 그 자체로 받아들여야 한다. 이러한 위험은 아주 가까운 시간 내에 실현될 수 있다.

2000년 직후, '기술 낙관주의자(Techno-Optimist)'로 자신을 칭한 천체물리학자 마틴 리스(Martin Rees, 1942~)는 인류가 21세기를 관통해 살아남을 확률이 50퍼센트라고 평가했다(따라서 그 이전에 멸종할 확률도 같다).[9] 당시 많은 이들이 이 예측을 지나치게 비관적이라고 평가했지만, 최근 몇 년간의 상황을 보면 이 예측이 빗나갔다고 단언하기 어려워 보인다.

한편, 2017년 리스는 장기적인 인류의 미래 가능성을 도박 사이트 '롱벳(Long Bets)'에 게시하며, 인간이 일으킨 (실수든 테러 행위든) 생물학적 재앙이 2020년 12월까지 일어날 것이며, 사건 발생 후 6개월 이내에 100만 명의 희생자를 발생시킬 거라고 예측했다. 그 직후, 극단적인 낙관주의자이자 과학자 스티븐 핑커(Steven Pinker, 1954~)는 이 가능성에 400달러를 걸었다.[10] 2021년 6월, 코로나19 팬데믹이 훨씬 더 심각한 결과를 낳은 후 1년이 지났을 때, 리스와 핑커는 한 가지 문제에 대해 동의했다. 그 문제는 코로나 바이러스의 기원이 자연 발생인지 실험실 유출인지 불확실하다는 점이었다. 이 불확실성은 리스의 승리를 가로막는 유일한 문제였다.[11]

어쨌든, 자연에서 비롯된 위협뿐만 아니라 인류 스스로 만들어낸 재해로부터 생존 가능성을 높이고자 한다면, 좋은 대안을 제시하고 공동의 전략을 합의하는 데 최선을 다해야 한다. 이러한 거대한 도전을 기술의 도움 없이, 과학 연구와 지식에 투자하지 않고서는 대처할 수 없을 것이다. 현재로서는 아무도 완벽한 해결책을 가지고 있지 않다. 복잡한 문제가 항상 그렇듯이, 단 하나의 해결책으로 모든 문제를 단번에 해결하고 모두를 만족시킬 가능성은 낮다.

그렇다 보니, 미래 인류를 위한 플랜B로서 아예 지구를 떠나자는 생각이 사람들의 마음을 사로잡는다. 그 수가 특별히 많은 건 아니지만, 예나 지금이나 이런 생각에 열정적인 사람들이 꽤 있다. 그중 가장 유명한 인사는 대중에게 널리 알려지고 사랑받았던 물리학자 스티븐 호킹(Stephen Hawking, 1942~2018)이다. 그도 리스와 마찬가지로 인류가 수 세기에 걸쳐 생존할 가능성이 거의 없다고 확신하는 한편, 기회가 있을 때마다 우리 종의 장기 생존을 위한 유일한 희망이 우주여행과 다른 행성에 대한 식민화뿐이라고 주장했다. 호킹은 "1,000년이나 100만 년은 고사하고, 향후 100년 동안 재앙을 피할 수 있느냐도 장담할 수 없다. 우리 종의 장기적인 생존의 유일한 희망은 지구에 머물지 않고, 우주 공간으로 퍼져 나가는 것이다. [⋯] 인류는 모든 달걀을 한 바구니에 담아서는 안 된다."[12]라고 언급했다. 이와 비슷한 의견을 NASA의 전 국장 마이클 D. 그리핀(Michael D. Griffin)도 피력했다. "장기적으로 한 행성에만 머무는 종은 생존하지 못한다. […] 우리 인간이 수백, 수천, 수백만 년을 살아남고자 한다면, 결국 다른 행성들을 정착지로 만들어야 할 것이다. […] 나는 인간이 태양계를 식민화하고 언젠가는 그 너머로 갈 것이라고 믿는다."[13]

호킹과 여타 플랜B 지지자들의 이주에 대한 꿈은, 적어도 겉보기에는, 몇 년 전부터 일론 머스크의 계획에서 구체적인 실현 가능성을 찾게 됐다. 이미 언급했듯이, 스페이스X의 창립자 머스크는 망설임 없이 자신의 목표가 인류를 다행성 종으로 만드는 일에 일조하는 것이라고 선언했다. 그는 자신의 모든 기업 활동이 궁극적으로 이 꿈을 충족하기 위한 목적의 수단임을 누누이 밝혀왔다. 그의 구상은 100년 안에 화성을 지구의 식민지로 만들어, 100만 명이 자급자족할 수 있는 도시에서 오래도록 살게 하는 것이다.

물론, 우주에 관심 많은 억만장자가 머스크만 있는 건 아니다. 아마존의 창립자 제프 베이조스(Jeff Bezos)도 자신의 회사 블루 오리진(Blue Origin)을 통해 다음 수십 년 안에 우주에 영구적인 거주지를 만드는 데 역할을 맡고 싶어 한다. 다만 베이조스는 머스크와 달리 지구에서 벗어나 사는 것이 아니라, 환경 문제와 자원 고갈에 대응하기 위해 오염 산업은 대기권 밖으로 옮기고, 소행성 등을 발굴해 원자재 공급원으로 활용하겠다는 계획이다. 말하자면, 지구는 일종의 주거 지역으로 남기고 우주는 외곽 산업단지로 조성하겠다는 것이 그의 핵심 구상이다.

그들의 꿈에 동의할지 말지는 각자 판단할 몫이다. 하지만 동의 여부 이전에, 인류가 지구를 떠나 다른 곳으로 이주하거나 활동한다는 것이 어떤 의미인지, 과학적인 관점에서 살펴볼 필요가 있다.

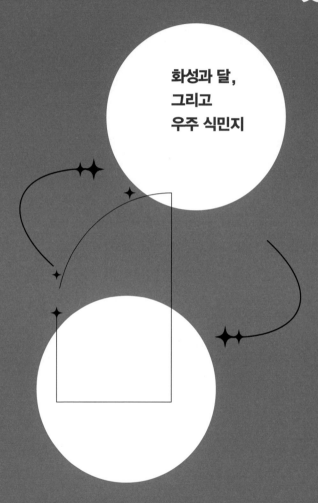

제
2
장

가고
싶은
곳

화성과 달,
그리고
우주 식민지

우주여행이나 다른 행성으로 떠나 그곳에 정착하는 이야기는
공상과학의 오랜 단골 소재였다. 1966년, 아폴로 탐사가 한창
이었으며 NASA의 예산이 정점에 달했을 때, 미국에서는 텔레
비전 시리즈 〈스타트렉(Star Trek)〉이 첫 방송 전파를 탔다. 승무
원들이 우주선 엔터프라이즈 호를 타고 새로운 세계를 탐험하
는 과정에서 겪는 이야기가 주된 내용이었다. 매주 방영된 〈스
타트렉〉이 제시한 미래 세계는 〈2001: 우주의 오디세이〉보다
갈등 구조가 복잡하지 않았고, 배경 분위기도 암울하지 않았
다. 커크 선장과 동료들은 분열과 갈등을 극복하고, 이전에 아
무도 도달하지 못했던 새로운 경계 너머로 용기 있게 한 걸음
씩 전진했다.

　〈스타트렉〉은 드라마는 물론, 영화, 애니메이션 등 다양한
형태로 제작돼 수십 년 동안 큰 성공을 거뒀다. 이 시리즈는 여

러 세대에 걸쳐 과학적 영감을 심어줬는데, 훗날 탄생할 여러 우주 기업가들과 그 추종자들의 꿈을 형성하는 데 큰 역할을 했다. 이와 달리 근래에 우주 탐사를 다룬 작품들은 1960년대의 환상적이고 비현실적인 상상력에 그치지 않고, 진전된 과학 기술과 체계적인 연구에 기초해 더 현실적으로 그려지고 있다.

예를 들어, 2016년 미국에서 방영된 텔레비전 시리즈 〈익스팬스(The Expanse)〉는 동명 연작 소설을 바탕으로 한 작품으로, 태양계 식민지 건설을 매우 사실적이고 세밀하게 묘사함으로써 이 일들이 현실에서 충분히 일어날 수 있을 법한 인상을 준다. 최근 방영된 또 다른 시리즈 〈인류의 새로운 시작, 마스(MARS)〉도 2033년으로 설정된 첫 화성 유인 탐사 임무를 다큐멘터리 형태로 의도적으로 편집해 현실과 허구의 경계를 흐릿하게 한다. 예를 들어, 일론 머스크를 포함한 실제 인물들과의 인터뷰를 허구와 교차해 편집함으로써, 시청자들에게 실제 상황을 보는 듯한 느낌을 준다. 하지만 과학자들의 참여만 놓고 보면, 노벨 물리학상 수상자 킵 손(Kip Thorne, 1940~)이 적극적인 역할을 했던, 2014년 크리스토퍼 놀란(Christopher Nolan) 감독의 영화 〈인터스텔라(Interstellar)〉를 뛰어넘을 수 없다. 이 작품은 갑작스럽게 살기 어려워진 지구를 묘사한 탓에 전체적으로 암울한 분위기 속에서 전개되며, 지구의 대체 거주지를 찾아야 하는 절박한 내용이 담겨 있다.

이 작품들은 최근 우주 탐사에 대한 대중의 관심이 증가하고 있음을 보여주는 몇 가지 예에 불과하다. 여러 면에서, 우리는 지난 세대가 약 50년 전에 이미 경험했던 것들을 다시 경험하고 있다. 당시만 해도 인류의 미래가 지구 밖에 있을거라는 장밋빛 전망이 가득했다. 엔터테인먼트 산업뿐만 아니라 많은 전문가의 예측도 마찬가지였다. 그러나 모두가 알고 있듯이, 이 일들은 생각한 대로 순조롭게 진행되지 않았다. 실망스러운 역사가 반복될까, 아니면 이번만큼은 확실히 뭔가 될 거라고 믿을 만한 근거가 있을까?

╲ 지구에서 탈출하는 법

1865년, 프랑스 작가 쥘 베른(Jules Verne)은 소설 《지구에서 달까지(De la Terre à la Lune)》에서 인간이 어떻게 달에 도달할 수 있을지 상상했다. 사실, 이 작품이 달 탐사를 다룬 인류 최초의 소설은 아니다. 지금으로부터 거의 2000년 전, 2세기에 살았던 그리스인 작가 루키아노스(Lucianus, 125~180 이후)가 이미 《진실한 이야기(True Histories)》에서 달세계 여행에 관한 이야기를 다뤘기 때문이다. 베른의 소설은 다른 특별한 이유로 주목받았다. 출간 후, 그 인기와 많은 세대에 끼친 영향력뿐 아니라, 작중 전개된 내용이 훗날 아폴로 탐사 때 실제로 일어난 상황과 놀라울 정도로 비슷했기 때문이다. 베른의 소설에는 인류의 첫 번째 달 궤도 탐사선이 1869년 12월, 3명의 승무원을 태우고 플로리다에서 발사되는 것으로 그려졌다. 비록 시기가 정확히 일치하지는 않았지만, 아폴로 8호도 승무원 3명을 태우고, 그가 상상한 때로부터 정확히 한 세기 후인 1969년 12월, 플로리다에서 발사됐다.

베른의 책이 주목받은 또 다른 이유는 앞서 나온 작품들보다 훨씬 더 기술적이고 과학적인 정확성에 주의를 기울였기 때문이다. 특히, 베른은 지구의 중력에서 벗어나 우주로 떠나려는 물체가 가져야 할 최소 속도를 계산해냈다. 이 속도는 과학적 용어로 표현하자면, '탈출 속도(Escape velocity)'다. 탈출 속도가 무엇인지 쉽게 이해하는 방법은 위로 발사되는 총알을 생각하면 된다. 총알은 높이 올라갈수록 그 속도가 점점 더 줄어들다가, 결국 0이 된다. 초기 속도가 높을수록 도달하는 높이도 더 높다. 즉, 탈출 속도는 지구 표면에서 무한한 거리에 도달하려고 할 때 필요한 속도다.

베른은 우주선 발사체로 200미터가 넘는 대포를 상상했다. 이 대포에서 우주선이 초속 약 11킬로미터(약 4만km/h)의 초기 속도로 발사된다면, 충분히 달에 도달할 수 있을 거라고 예측했다. 이 예측 속도는 지구에서 벗어나기 위해 필요한 실제 탈출 속도(11.2km/s)와 매우 가까운 수치다. 하지만 이 속도는 너무 빨라서, 공기 중 음속보다 약 30배나 빠르다. 만약 정말로 사람들을 태운 우주선을 이 속도로 발사한다면, 그 안의 사람들은 매우 위험한 상황에 맞닥뜨릴 것이다. 갑자기 체감되는 몸무게만 평소의 수백 배가 될 것이며(이러한 가속을 견딜 수 있는 사람은 없다), 더욱이 공기 저항을 고려하면 초기 속도는 그보다 더 빨라야 한다. 따라서, 베른이 상상한 대로 대포로 발사해 올리는 발상은 실현될 수 없었고, 실제로 사람을 달에 보내는 데도 사용되지 않았다. 오늘날 지구를 떠나는 우주선은 최대 속도까지 단숨에 도달하는 것이 아니라, 점차 가속해 대기권을 벗어난 후 마지막 추진력을 받아 지구에서 떠날 수 있다.

물론, 어떤 물체가 탈출 속도보다 낮은 속도로 발사되면 결국 지구로 떨어지게 된다. 하지만 예외가 있다. 만약 물체를 수직이 아닌 지구 표면에 평행하게 자전 방향으로 발사한다면, 낙하를 훨씬 오랫동안 지연시켜 지구 저궤도로 보낼 수 있다.* 이

• **로켓은 실제 발사 과정에서 수직으로 발사되지만, 곧 지구 표면에 평행한 동쪽 경로(자전 방향)로 방향을 바꿔 고도를 높이며 대기권을 벗어난다.** 그런 이유로, 우주 발사체는 자전의 힘을 더 크게 받을 수 있는 적도 가까운 곳에 자리 잡은 경우가 많다.

런 방식으로 지구 저궤도에 안착하면, 물체는 일정한 고도를 유지하면서 빠른 속도로 원형의 경로를 따라 계속 이동한다. 즉, 지구 주변을 매우 빠르게 도는 우주선이나 위성은 탈출 속도에 도달하지 않아도 우주 공간에 머물 수 있다. 예를 들어, 국제우주정거장은 약 400킬로미터 고도에서 초속 약 7킬로미터(약 28,000km/h) 속도로 90분마다 지구 한 바퀴를 돌고 있다.

일반적으로 궤도 속도는 고도가 높아질수록 감소한다. 즉, 지표면에 더 가까이 있으려면 더 빨리 회전해야 한다. 어쨌든,

2022년 7월 14일, 플로리다주 NASA 케네디 우주센터에서 발사된 스페이스X 팰콘 9 로켓. 로켓은 발사대에서 수직으로 발사된 후 점차 지구의 자전 방향인 동쪽으로 경로를 바꿔 대기권을 벗어나 속도를 높인다.

©NASA

만약 어떤 우주선이나 위성이 지구 저궤도에 있다면, 분명히 탈출 속도와 그다지 차이가 없는 회전 속도로 움직이는 것이다. 그러므로 이를 조금 더 가속해 지구 중력의 영향권에서 아예 벗어나게 하는 일은 그리 어렵지 않다. 사실상, 우주 임무에서 가장 많은 동력을 소모하는 단계는 대기권을 벗어나고 지구 저궤도에 진입하는 것이다.

자연스럽게, 지구와 다른 천체들은 각기 다른 탈출 속도를 가진다. 예를 들어보자. 달의 탈출 속도는 초속 몇 킬로미터에 불과해, 달을 떠나는 일은 지구를 떠나는 일보다 훨씬 쉽다. 반대로, 더 크고 밀도가 높은 천체들을 떠나기는 더 어렵다. 태양계 밖에는 지구보다 큰 암석 행성들이 존재하는 것으로 알려져 있는데, 만약 그러한 행성의 거주자들이 우주를 탐험하려면 중력의 힘으로부터 벗어나기 위해 엄청난 추진제와 에너지가 필요할 것이다. 물론, 실제 상황은 이보다 매우 복잡하다.

다행히, 우리 지구는 그렇지 않다. 지구를 떠나기란 불가능하지 않다. 다만 매우 어려울 뿐이다.

＼ 우주 탐험의 짧은 역사

우주를 향한 인류의 역사를 잠시 살펴보는 일은 상황을 이해하는 데 도움이 될 수 있다. 지구 저궤도에 진입한 최초의 인류는 유리 가가린(Yuri Gagarin, 1934~1968)이었다. 그가 지구 저궤도에 진입한 때는 1957년 소련에 의해 발사된 최초의 인공위성 스푸트니크 1호(Sputnik 1)가 궤도에 진입한 지 대략 4년이 지난 1961년이었다. 1965년, 알렉세이 레오노프(Aleksey Leonov, 1934~2019)는 최초의 '우주 유영', 더 정확히 말하면 보스호드 2호(Voskhod 2) 우주선과 연결된 15미터 길이의 케이블에 매달려 '선외활동(Extravehicular activity)'을 약 12분 동안 수행했다.

지구 저궤도 너머로 벗어난 최초의 사람들은, 1968년 12월 아폴로 8호의 우주인 프랭크 보먼, 짐 러블, 윌리엄 앤더스 세 사람이었다. 몇 달 후, 1969년 7월 닐 암스트롱(Neil Armstrong, 1930~2012)과 버즈 올드린(Buzz Aldrin, 1930~)은 다른 천체에 발을 디딘 최초의 인간이 됐다. 지금까지 총 12명만이 달 위를 걸었으며, 6차례의 임무에 걸쳐 총 3일 8시간 22분 동안 활동했다. 암스트롱과 올드린은 달 착륙선 밖에서 겨우 2시간 반을 보냈다. 가장 긴 체류 기록은 아폴로 17호 임무 중 달 표면을 탐험하며 총 22시간 이상을 보낸 진 서넌(Gene Cernan, 1934~2017)과 해리슨 슈미트(Harrison Schmitt, 1935~)가 가지고 있다. 아폴로 17호 탐사는 인간을 달에 보낸 마지막 임무였으며, 서넌 일행이 달을 떠난 때는 1972년 12월 14일이었다. 그 후로 달에 발을 디딘 사람은 아무도 없었다.

아폴로 임무를 띠고 달로 여행한 24명의 우주비행사들을 제외하면, 그 어떤 인류도 '지구 저궤도'라고 불리는 우주 영역을 벗어난 적이 없다. 지구 저궤도는 대략 고도 200~2,000킬로미터 사이의 영역으로, 국제우주정거장과 우주왕복선을 포함한 모든 유인 우주선과 우주정거장은 이 범위 안에 머물러 있다. 많은 이들이 생각하는 것과 달리, 지구 저궤도 내에 있는 물체는 지상에서와 비슷한 중력을 받는다. 우주비행사들이 지구 저궤도에서 무중력과 같은 느낌을 경험하는 것은 중력이 약해져서가 아니라, 그들과 함께 있는 우주선이나 우주 정거장이 지구를 향해 자유 낙하하고 있기 때문이다(물론, 직접 지면을 향하지는 않고 대략 원형의 궤도를 돈다). 이와 비슷한 효과는 비행기가 짧은 시간 동안 자유 낙하할 때 무중력을 경험하는 것처럼, 우주로 가지 않아도 느낄 수 있다.

실제로, 지구 저궤도 내에 있는 물체들이 비행하는 최대 고도는 지구 반지름의 약 3분의 1에 불과하며, 보통은 그보다 훨씬 낮다. 우주비행사들의 흔한 표현인 "별에 가까워진다"는 말을 들을 때면 나도 모르게 미소 짓게 된다. 이미 언급했듯이, 국제우주정거장의 승무원들은 지구 표면으로부터 평균적으로 400킬로미터 고도에 머물고 있으며, 이는 로마와 밀라노 사이의 거리(대략 477km)보다 짧다. 의심할 여지 없이 그들은 지구 상공에서 환상적인 전망과 별들을 바라보는 특별한 기회를 얻지만, 일반인보다 우주로 훨씬 더 멀리 나아간 것은 아니다. 사실, 지구 저궤도에 있는 우주선들은 여전히 지구 대기의 가장 바깥층인 열권과 외기권에 머물고 있다. 이곳에는 사람이 호흡할 수 없을 뿐, 여전히 우주선의 움직임에 일정한 저항을 줄 만큼의 공기가 있다. 예를 들어, 국제우주정거장 같은 장기 체류 우주선은 공기와의 마찰로 인해 고도가 낮아지는데, 이에 대응하기 위해 궤도를 매년 몇 번씩 수정해야 한다.

국제우주정거장은 지구 밖에서 가장 오래 지속된 인류의 전초기지다. 21세기 초였던 2000년 11월 2일부터 운영되기 시작해 지금까지 중단 없이 적게는 1명, 최대 13명(2009년 기록)의 승무원이 머물고 있으며, 표준 승무원 수는 7명이다. 2021년 말 기준, 19개국 출신의 251명이 방문했다.

오늘날, 우주에서 가장 오래 머문 기록은 소련의 우주비행사 겐나디 파달카(Gennady Padalka, 1958~)가 가지고 있다. 그는 여러 차례의 임무에 걸쳐 총 879일을 지구 밖에서 보냈다. 단일 비행으로 지구 저궤도에 가장 오래 머문 기록은 발레리 폴랴코프(Valeri Polyakov, 1942~)가 가지고 있으며, 그는 소련이 만든 첫 번째 우주정거장 미르(Mir)에서 1년 이상, 정확히 1994년부터 1995년까지 437일 18시간을 보냈다(미르는 1986년부터 운영되기 시작해 2001년에 폐기됐다).

정리해보면, 유리 가가린의 첫 우주 비행 이래, 약 60년이 지난 2022년 6월까지 오직 615명만이 우주에 도달했다. 이는 국제항공연맹(FAI)의 기준에 따라, 지구 표면으로부터 100킬로미터 이상의 고도를 이르는 '카르만 라인(Karman Line)'을 넘어선 사람들이 615명뿐이라는 의미다. 여기에는 지구 주위를 한바퀴도 돌지 않고 단지 짧은 시간 동안 상승했다가 하강하는 포물선 비행을 수행한 '우주비행사'에게도 적용된다. 게다가

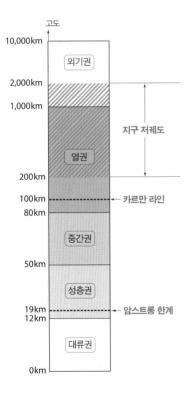

지구 대기권과 카르만 라인, 암스트롱 한계. 국제항공연맹(FAI)에 따르면, 2022년 6월 기준으로 지구 표면으로부터 100킬로미터 이상의 고도를 이르는 '카르만 라인'을 넘어선 사람들은 단 615명밖에 없다.

제프 베이조스가 설립한 블루 오리진의 지구 저궤도 관광 상품을 구매해 잠깐 카르만 라인을 넘었다가 돌아온 몇몇 부유한 우주 관광객들도 여기에 포함된다.

이 중에는 《스타트렉》의 캡틴 커크로 유명한 배우 윌리엄 샤트너(William Shatner)도 있었다. 그는 2021년 10월 12일 90살의 나이로 우주로 비행하며, 비록 단 10분간이었지만 우주로 날아간 가장 나이 많은 사람이 됐다. 귀환 후 샤트너는 감동적인 소회를 남겼는데, 직접 겪은 '조망 효과'를 이렇게 표현했다. "갑자기 푸른빛을 띤 영역을 지나 어둠으로 빨려 들어갔다. […] 이 담요 같은 공기층은 우리를 살아 있게 하며, 피부보다 더 얇게 느껴졌다. 우주적 맥락에서 생각하면, 믿을 수 없을 정도로 보잘것없었다. […] 아래에는 생명이 있고, 저 위에는 죽음만이 있었다."[1]

＼ 아름다운 곳, 그 정반대의 공간

맞다. 대다수 사람들은 우리라는 존재 전체가 우주의 적대적 환경으로부터 차단된 얇은 보호막 아래에서 보호받는다는 사실을 잘 깨닫지 못한다. 우리는 공기라고 부르는 바다, 즉 대기 속에서 살고 있다. 우리가 '세계'라고 부르는 모든 곳은 우리가 태어나서 죽을 때까지 머무는 몇십 킬로미터 두께의 가스층일 뿐이다. 지구 표면에서는 100킬로미터 떨어진 곳으로 이동해도 실제로 아무것도 변하지 않는다. 좋은 경치를 볼 수 있거나 바다로 소풍을 가는 정도에 불과하다. 하지만 위로 100킬로미터를 올라가면 적절한 보호 장비 없이는 모든 게 끝나버린다. 즉, 죽음을 맞이하게 된다.

우주는 우리가 곧잘 정의하는 '아름다운 곳'과 정확히 대척점에 있는 공간이다. 차갑고, 어둡고, 텅 빈 곳이자, 특히 생명체에게 극도로 적대적인 곳이다. 사실, 인간의 몸에 이상이 발생하는 고도는 과학적 의미의 우주에 닿기 훨씬 이전의 낮은 곳이다. 대개 인간의 활동은 해수면 위 몇 킬로미터 이내에서 이뤄진다. 대기의 총 질량 중 80퍼센트와 거의 모든 수증기가 '대류권'이라 불리는 아래쪽 부분에 머물고 있다. 이 대류권의 평균 두께는 약 12킬로미터로, 우리가 경험하는 모든 기상 현상이 이곳에서 발생한다. 인간에 대한 첫 번째 제약은 이미 약 19킬로미터 고도, 즉 '암스트롱 한계(Armstrong limit)'라고 알려진 지점에서 감지된다(이 이름은 우주비행사나 트럼펫 연주자와는 아무 관련 없는, 의사이자 공군 비행사 해리 암스트롱Harry Armstrong의 이름에서 유래됐다). 그 높이부터는 대기압이 몸 내부 체액의 압력보다 낮아져서 목과 폐에 있는 수분이 증발하기 시작한다.* 따라서 압력을 일정하게 조절해주는 여압복이 없으면 죽음에 이르게 된다.

상황은 고도가 높아질수록 더 악화된다. 35킬로미터 지점을 넘어서면, 생명체의 세포에 해로운 자외선을 효과적으로 흡수하는 삼중산소 분자로 이뤄진 오존층의 보호가 사라진다. 실제로, 오늘날 지구 표면에 존재하는 (우리를 포함한) 복잡한 생명체들은 이 보호막 없이 오래 살아남을 수 없다. 지난 20세기 1980년대 말부터, 오존층을 파괴할 수 있는 물질을 금지하는 국제 협약인 '몬트리올 의정서(Montreal Protocol)'가 196개국에 의해 비준된 이유다.

우주 공간에 도달하면, 대기가 사라져 낮과 밤 사이의 일교차가 극단적으로 커진다. 즉, 태양 빛에 직접 노출됐는지 그렇지 않은지 여부에 따라 온도가 매우 높아지거나 낮아진다. 예를 들어, 국제우주정거장 외부 온도는 지구 주변을 돌 때마다 섭씨 120도를 넘는 최고점과 섭씨 -160도에 이르는 최저점 사이를 오간다.

그러나 태양에 직접 노출됐을 때 입을 수 있는 피해는 극심한 고온이나 자외선으로 인한 피해만이 아니다. 태양은 빛과 다른 형태의 전자기 방사선 외에도, 전자, 양성자 그리고 소

- **기압이 낮아지면 끓는 점도 낮아지기 때문에 일어나는 현상이다.** 고도 19킬로미터 지점인 암스트롱 한계에 이르면 끓는 점이 인체의 평균 체온인 섭씨 37도로 낮아져서, 체액이 끓기 시작해 증발한다.

량의 중이온 등으로 구성된 '태양풍(Solar wind)'을 끊임없이 우주로 방출한다. 이 입자들은 보통 초속 300~800킬로미터 속도로 움직이며, 태양 활동이 강할 때는 최대 초속 1,000킬로미터까지 속도가 증가하기도 한다. 이 입자들은 매우 심각한 생물학적 손상을 일으킬 수 있지만, 지구 표면에서는 지구를 감싸는 자기장 덕분에 보호받는다. 지구의 자기장은 우주에서 오는 태양풍과 다른 이온 입자들을 포획해, 밴 앨런 복사대(Van Allen radiation belt)라 불리는 도넛 모양의 구조를 형성한다. 밴 앨런 복사대는 주로 두 영역으로 나뉘며, 내부 벨트는 지구로부터 약 1,000~1만 2,000킬로미터 사이에, 외부 벨트는 약 1

밴 앨런 복사대. 태양에서 방출된 입자들이 지구의 자기권에 도달하면, 2개의 도넛 모양 벨트로 불리는 밴 앨런 복사대에 갇히게 된다. 밴 앨런 복사대는 우주 방사선이나 태양풍을 막아 지구상의 생물체를 보호해주는 아주 큰 역할을 한다.　ⓒNASA

만 3,000~6만 킬로미터 사이에 위치한다. 이 영역에서는 방사선의 밀도가 높지만, 태양풍에 노출되는 것보다 더 위험하지는 않다. 실제로, 달 탐사 임무를 띠었던 아폴로 우주선들은 밴 앨런 복사대를 문제없이 통과했다.

태양풍의 강도는 대략 태양의 11년 활동 주기에 따라 변한다. 이 시간에도 입자의 흐름은 최댓값에서 최솟값으로 변하고, 이 과정이 규칙적으로 반복된다. 그러나 가끔 예측하기 어려운 더 격렬한 현상도 발생하는데, 예를 들어 '태양 플레어(Solar flare)'●나 '코로나 질량 방출(Coronal Mass Ejection, CME)'●● 같은 현상이다. 이러한 사건들이 일어나는 동안 태양에서 분출되는 입자의 양과 에너지는 몇십 분에서 몇 시간에 걸쳐 엄청나게 증가한다. 적절한 보호장치가 없는 사람이라면 거의 확실하게 치명적인 방사선에 노출될 수 있다.

우주 환경을 더욱 흥미롭게 만드는 것은, 태양뿐 아니라

● **태양에서 발생하는 강력한 폭발 현상.** 태양의 표면에서 대량의 에너지가 갑자기 방출돼 다양한 전자기파 형태로 우주 공간에 방출되는 현상이다. 주로 태양의 활동적인 영역에서 발생하며, 때로는 지구에 도달해 통신 장애, 위성 손상, 전력망에 영향을 미칠 수 있다.

●● **거대한 양의 플라스마와 자기장이 태양의 외곽 층인 코로나에서 우주 공간으로 방출되는 현상.** 수십억 톤의 플라스마가 태양에서 빠른 속도로 분출되며, 이는 태양계를 통해 이동하면서 지구를 포함한 다른 행성들에 크고 작은 영향을 준다.

우주 전역에서 고에너지 전하 입자인 '우주선(Cosmic rays)'이 지속적으로 방출된다는 점이다. 1960년대부터 그려진 만화 '판타스틱 포(Fantastic Four)'에는 네 주인공이 우주 비행 중 우주선에 노출되며 초능력을 얻는다는 내용이 나온다. 이 이야기는 창의적이지만, 실제로 우주선과 태양풍에 직접 노출된 우주인들은 '슈퍼 인간'이 되기보다는 심각한 상해를 입게 될 것이다. 백내장과 같은 시각 손상, 순환계 및 중추 신경계 문제, 암, 그리고 급성 방사선 증후군 등 심각한 건강 문제를 초래할 수 있다. 따라서 적절한 보호장치 없이 장기간 우주에 머무는 것은 심각한 결과를 초래할 뿐만 아니라, 심지어는 치명적일 수 있다.[2]

이렇듯 지구 자기장이 제공하는 보호망 덕분에, 우주선은 국제우주정거장과 같은 지구 저궤도에서 활동하는 우주인들에게 큰 위협이 되지 않는다. 지금까지는 아폴로 임무를 수행한 우주인들만이 지구 저궤도를 넘어 실제 행성 간 여행을 경험했다. 그러나 그들이 우주에서 보낸 시간은 상대적으로 짧았고, 또 아폴로 17호의 경우도 최대 12일간이었다. 다행히, 그들이 달에 가던 길에는 태양 플레어를 비롯한 여타 평균보다 위험한 현상이 발생하지 않았다. 우주에 대한 지식이 훨씬 풍부해진 오늘날의 관점에서 보면, 당시 닐 암스트롱과 동료들은 자신들이 생각했던 것보다 훨씬 큰 위험을 감수했던 것이다.

어디로 (안) 떠나야 할까?

우주여행과 관련된 건강상의 위험은 잠시 제쳐 두고, 인류가 지구 밖에 식민지를 건설하기로 했다면 어디로 갈 수 있을지 생각해보자. 가장 손에 닿기 쉬운 후보는 태양계 내부의 행성들(수성, 금성, 화성)로, 때때로 우리와의 유사한 구성과 크기 때문에 뭉뚱그려 '지구형 행성(Terrestrial planet)'이라고도 불린다. 여기에는 달도 포함되는데, 달이 행성은 아니지만 여러 특수한 이유로 인해 우주여행의 자연스러운 목적지에 포함된다.

여기서, 실제 방문할 수 있는 천체 목록에서 수성은 제외하고 시작해야 한다. 태양과 가장 가까운 이 행성은 달보다 약간 큰 크기에 불과한 데다 대기가 거의 없으며, 밤에는 대략 섭씨 -170도까지 떨어지고 낮에는 섭씨 420도 이상까지 이를 만큼 일교차가 극심하다. 사실, 낮과 밤의 일교차를 말하는 것 자체도 상당히 어려운 일인데, 그 이유는 수성에서 일몰부터 다음 일몰까지의 시간이 지구의 176일 정도 걸리기 때문이다. 그곳의 경치는 의심할 나위 없이 장관일 것이다. 수성에서 보이는 태양은 지구에서보다 지름이 3배 이상 크고, 약 7배 더 밝게 보이기 때문이다. 그러나 의심할 나위 없이 방사선과 태양풍에 노출될 것이며, 이는 우리가 아는 생명체가 견딜 수 없는 환경이다.

수성은 태양과 가까운 탓에 생명체에게 극도로 적대적일 뿐만 아니라, 로봇 탐사선으로 탐험하기조차 매우 어려운 곳이다. 에너지 측면에서 보자면, 놀랍게도 태양계를 벗어나는 것보다 수성에 도달하는 데 더 많은 에너지가 필요하다. 수성은 매우 빠르게 움직이기 때문에 어느 우주선이라도 이곳에 접근하려면 비슷한 속도로 움직여야 하고, 또 궤도에 진입하기 위해서는 엄청난 태양의 중력을 이겨내야 한다. 이 때문에, 수성은 태양계 내부 행성 중에서도 인류가 가장 드물게 방문한 행성이거니와, 지금까지 그 어떤 탐사선도 그 표면에 착륙한 적이 없다.

태양에서 멀어지면 다음으로 금성을 만나게 되는데, 여기도 인간의 정착 가능성은 매우 낮다. 금성은 지구와 거의 비슷한 크기로, 몇십 년 전까지만 해도 사람들은 지구의 쌍둥이일 것이라 여겼다. 특히 20세기 전반, 밀도 높은 대기로 인해 금성 표면의 자세한 상황을 관측하기 어려웠을 무렵까지만 해도, 금성은 따뜻하고 습한 기후를 가진, 생명체가 살기 좋은 행성으로 여겨졌다. 그 덕분에 당시 많은 공상과학 소설들은 풍부한 비가 내리고 무성한 식생이 이뤄지는 금성의 열대우림 세계를 모험담에 담아내곤 했다.

그러나 현실은 그렇지 않다. 금성은 문자 그대로 지옥과 같은 곳이다. 지표면 온도가 섭씨 500도에 육박하고, 표면 압력은 지구의 90배 이상으로 우리의 바닷속 수심 1킬로미터 지점에서 경험할 수 있는 압력과 비슷하다. 지구에서 알려진 그 어떤 생명체도 그 조건에서 살아남을 수 없을 뿐 아니라, 인공 장비를 갖춘다고 해도 매우 큰 어려움을 겪을 것이다. 지금까지 금성 표면에 착륙한 탐사선은 모두 20세기 1970년대와 1980년대에 소련이 발사한 단 10대뿐이다. 그중 어느 탐사선도 2시간 이상 정상적인 상태를 유지하지 못했다. 이 짧은 시간 동안 탐사선은 몇 장의 사진만을 전송했는데, 그 사진들에는 영원할 것만 같은 황혼의 황량한 풍경이 담겨 있었다. 참고로, 금성의 하루(자전 주기)는 지구 기준으로 243일이 걸리며, 이는 공전 주기(225 지구일)보다도 길다.

금성의 대기는 매우 강한 독성과 부식성 물질로 가득하다. 주로 이산화탄소로 구성돼 있으며, 황산 성분의 구름으로 이뤄져 있다. 이처럼 두꺼운 온실가스 층 탓에 금성은 수성보다 태양에서 더 멀리 떨어져 있지만, 더 덥다. 결국, 금성은 지구의 먼 미래 모습과 매우 비슷하다. 바다가 완전히 증발한 상태로, 금성을 정착지로 고려하는 것은 우리에게 아무런 실익이 없다.

요컨대, 인간이 금성 표면에 발을 내디딜 가능성은 거의 없다. 정착하는 일은 더더욱 불가능하다. 하지만 발아래 단단한 땅을 포기한다면, 금성 상공에 거주 공간을 두는 방안을 상상해볼 수는 있다. 금성의 대기는 약 50킬로미터 고도에서 지

금성에서 가장 높은 화산 마트 몬스(Maat Mons)의 3D 투시도. 이 사진은 미국의 마젤란 탐사선과 구소련의 베네라 탐사선 자료를 토대로 제작됐으며, 금성의 거친 지형과 열악한 환경을 잘 드러내고 있다.
ⒸNASA

구 표면과 비슷한 압력을 가지는데, 지구의 공기로 채워진 풍선 형태의 구조물이라면 그 내부에서 사람들이 호흡할 수 있을 뿐 아니라, 구조물 자체도 공중에 떠 있을 수 있다. 해당 고도에서 외부 온도는 약 섭씨 70도로 높지만, 이 온도는 충분히 제어할 수 있다. 금성의 구름 사이를 떠다니는 인공적인 주거지는 풍부한 태양광 에너지를 이용할 수 있을 것이며, 그보다 높은 곳에 있는 대기 덕분에 가장 해로운 방사선으로부터 적어도 부분적으로 보호될 것이다.

공상과학 작가이자 우주 공학자 제프리 A. 랜디스(Geoffrey A. Landis, 1955~)는 이러한 공중 도시 구상에 가장 적극적인 인물이다. 그러나 이 개념은 기발하지만, 현재의 기술 수준으로 감당하기 어려운 문제가 워낙 많아서 먼 미래로 미뤄야 할 것으로 보인다. 몇 년 전, 이보다 작은 규모의 계획이 NASA 내부에서 연구 수준으로 검토되기도 했다. '하복(고고도 금성 탐사 계획, High Altitude Venus Operational Concept, HAVOC)'[3]이라 불린 이 계획은 유인 비행선과 풍선을 화성 대기에 띄워 활용할 수 있는지 그 실현 가능성을 연구했다. 화려한 컴퓨터 그래픽으로 제작된 홍보 영상물[4]이 대중에게 소개되며 많은 우주 애호가들의 상상력을 자극했지만, 이는 개념적인 실험에 그쳤을 뿐 지금까지 이를 실현할 구체적인 계획이 나오지 않고 있다.

1960년대 말, NASA는 이른바 아폴로 응용 계획(Apollo Application Program, AAP)의 하나로 금성으로 유인 우주선을 보낼 가능성을 검토했다.[5] 이 계획은 아폴로 탐사의 연장선에서 검토됐으며, 1973년 10월 31일에 출발할 계획까지 있었다. 길이 약 30미터에 달하는 우주정거장 형태의 우주선에 3명의 승무원을 태우고 총 13개월 동안 임무를 수행하는 것이 주된 목표였다(이 중 4개월은 금성까지 가는 데 걸리는 시간이다). 만약 계획대로 금성에 도착했다면, 우주선은 금성 상공을 1~3회 비행하고 최저 고도 6,200킬로미터까지 접근한 뒤 곧바로 귀환 여정에

올랐을 것이다. 별도의 원격 착륙선과 장비를 금성 표면에 내려보내 지표와 대기 자료를 수집할 계획도 있었다.

하지만 이 계획은 실현되지 않았는데, 이후 벌어진 일들을 놓고 본다면 매우 다행이었다. 그때까지만 해도, 태양의 활동이 인간에게 미치는 위험성이 간과되거나 파악되지 않은 상태였기 때문이다. 1971년, 태양에서의 첫 대량 코로나 방출이 명확히 관측됐고, 계획대로 진행됐다면 탐사단은 1974년 7월, 금성에서 돌아오는 길에 이 사건을 직접 마주했을 것이다. 그랬다면 아마도 우주인 3명의 운명은 확실히 좋지 않은 방향으로 전개됐을 것이다.

따라서 수성과 금성은 인간 탐사의 현실적인 목적지가 될 수 없을뿐더러, 식민지를 건설하기에도 매우 부적절한 곳이다. 두 내행성이 선택지에서 제외되면, 남은 곳은 화성과 달뿐이다. 이제 달부터 살펴보자.

╲ 가깝고도 먼 거대한 황야

분명하게, 달은 인간이 가장 접근하기 쉬운 목적지다. 우주적 규모에서 볼 때, 말 그대로 달은 우리 바로 옆에 있다. 며칠이면 도달할 수 있는 거리에 있고, 이미 이 여행을 성공적으로 수행한 적이 있다. 하지만 이 말이 곧 쉬운 일이라는 뜻은 아니다. 우주로 가는 길에는 언제나 어려움과 위험이 기다린다. 달에 가는 것은 지구 저궤도에 가는 것보다 훨씬 더 어렵고 위험천만하다. 많은 이들이 이 두 상황을 비슷하게 생각할 수 있지만, 실제로 달은 국제우주정거장과 비교해 지구에서 약 1,000배나 더 멀리 떨어져 있다. 따라서 성공적인 달 착륙을 당연한 것으로 여겨서는 안 된다.

1970년, 대중들은 이미 달 탐사에 익숙해져 있었지만(그때까지 네 번의 달 탐사가 있었으며, 그중 두 번은 착륙했다), 아폴로 13호의 산소 탱크가 폭발하면서 이 모든 상황이 갑작스럽게 바뀌었다. 그 폭발로 우주선 동력과 호흡을 위한 공기가 급격히 줄어들면서, 승무원들은 달 표면에 내려가기 위해 사용될 예정이었던 착륙선을 피난처로 사용해야만 했다. 세 우주인은 지구와 33만 킬로미터 떨어진 곳에서 달을 향해 나아가고 있었으나, 이제는 그 목표였던 달 착륙은커녕 자신들의 목숨을 지키는 일이 더 급해졌다. 우주 공간에서 영원히 길을 잃을 수 있는 끔찍한 상황에 놓였던 것이다. 며칠 동안 NASA의 기술자들은 재난을 피하기 위한 해결책을 찾기 위해 부단히 고심했고, 전 세계의 시선도 긴장한 채로 사태의 전개를 지켜봤다. 다행히, 예정된 이동 경로를 수동으로 수정하고 동력 소비를 최소화함으로써, 우주인들은 무사히 지구로 귀환할 수 있었다.

아폴로 13호의 귀환은 분명 인간의 지혜를 기념하는 위대한 승리로 평가될 만하다. 그러나 중요한 교훈을 잊어서는 안 된다. 즉, 우주여행은 결코 일상적인 여행이 아니라는 사실이다. 수십만 킬로미터 떨어진 우주 공간을 향해 발사된 '총알' 위에 있을 때라면, 아주 사소한 문제라도 재앙을 초래할 수 있다.

더욱이, 달에 영구적인 거주지를 세우는 일은 아폴로 탐사 당시의 우주인들이 며칠간 체류했던 것보다 훨씬 더 복잡한 일이다. 달 환경은 글자 그대로 인간에게 매우 적대적이다. 버즈 올드린의 자서전 제목을 빌리자면, 달은 '거대한 황야(Magnificent desolation)'다.[6]

우선, 달에는 대기가 거의 없으므로 그 표면에서 생활하는 것은 우주 공간에서 생활하는 것과 크게 다르지 않다. 적절한 보호 장비가 없다면, 달 정착민은 지구 표면보다 최대 1,000배 더 많은 우주 방사선에 노출될 수 있다. 이는 국제우주정거장의 우주인들이 받는 것보다도 훨씬 많은 양이다. 단기간이라면 문제가 없지만, 장기간 머물 계획이라면 대부분의 시간을 적절히 차폐된 주거 구역 내에서 보내야 한다.

달은 대기가 거의 없는 탓에 표면 온도 변화도 매우 심하다. 햇빛에 노출될 때는 섭씨 130도까지 올라가고, 그렇지 않을 때는 섭씨 -170도까지 떨어진다. 달의 하루, 즉 달의 자전 주기는 지구의 기준으로 약 29일이나 걸리는데, 극심한 온도 변화뿐만 아니라 빛이 없는 긴 밤을 견뎌야 하는 것도 인간에게는 큰 곤욕이다. 그런데 이 특성은 태양광을 에너지원으로 사용할 때 비효율을 일으키기도 하지만, 결코 그늘이 지지 않는 달 극지방의 몇몇 지역에서는 매우 유용하게 활용될 수도 있다. 또한, 달은 항상 같은 면을 지구와 맞보기 때문에('어두운 면Dark Side of the Moon'이라고 불리기도 하는 달 뒷면은 지구에서 볼 수 없을 뿐 햇빛은 똑같이 받는다) 오직 보이는 앞면에 건설된 영구 거주지만이 우리와 직접적인 통신이 가능하다(달 뒷면과의 통신은 별도의 달 궤도 중계위성이 필요하다).

달의 약한 중력도 또 다른 복잡한 문제다. 달에서는 모든 물체가 지구에서보다 약 6분의 1 정도로 가벼워진다. 육상 경기를 할 때는 유리할 수 있지만, 다른 대부분의 활동을 수행할 때는 그렇지 않다. 약한 중력은 거동을 불안정하게 하고, 가장 간단한 움직임조차 어색하게 만든다(아폴로 우주인들이 넘어지는 재미있는 동영상을 검색해보라). 게다가 장기적으로 근육을 위축시키고, 뼈 질량을 감소시키며, 혈액 순환, 혈압, 심장 기능에도 변화를 일으킨다.

달 표면에는 생명체에 필요한 수소, 질소, 탄소와 같은 필수적인 원소가 거의 없다. 이 때문에 달에서 직접 농사를 지을 수 없고, 온실을 사용할 수 있다고 해도 지구에서 공수한 재료와 유기물에 의존해야 한다. 더군다나, 레골리스(Regolith)라 불리는 달 표면의 미세한 먼지는 상당히 성가신 물질이다. 마모된 상태의 이 먼지는 정전기적 특성을 띠고 있어서 접촉하는 모든 것에 달라붙는다. 이는 전자장비뿐 아니라 건강에도 위협이 된다. 아폴로 탐사 승무원들은, 마치 온종일 해변에서 보낸 후 모래가 온몸에 달라붙은 것처럼 레골리스로 인해 성가신 경험을 해야 했다. 이 미세한 먼지는 눈을 자극하고 호흡기로 들

1971년 8월 1일, 아폴로 15호 임무 중에 촬영된 미니 파노라마 사진의 일부. 달 착륙선 조종사 짐 어윈이 아폴로 달 표면 실험 패키지(ALSEP) 현장에서 찍은 두 사진을 조합해 만든 것이다. 달 표면의 부드럽고 미세한 먼지인 레골리스로 인해 우주비행사의 발자국이 선명하게 남아 있다. ⓒNASA

어가 기관지염을 비롯한 호흡기 질환을 일으킬 수 있다. 더욱이 미래의 정착민들이 달 먼지에 장기적으로 노출된다면, 건강 상에 위협이 될 것이다.

당연히 물도 문제다. 물 없이는 어디에서도 생존할 수 없다. 과거만 해도 달에 물이 없을 거라고 여겨졌다. 그러나 최근 수십 년 동안 달을 드나든 우주 탐사선들은 그렇지 않을 가능성을 보고했다. 보고된 바에 따르면, 달 표면 곳곳에서 물 분자가 포착됐으며, 특히 극지방이나 충돌구 그늘진 지역에 얼음 형태로 집중적으로 분포할 수 있다.

이 물의 저장량이 얼마나 되는지 정확히 알려진 바는 없다. 또 쉽게 추출할 수 있을지도 분명하지 않다. 그러나 물의 존재 가능성은 달에서 살 수 있다는 희망을 주는 반가운 소식이다. 다만, 근본적으로 상황을 바꾸는 것이라기보다 아주 작은 개선에 불과하다. 여전히 달에서 산다는 건 매우 어려운 일이 될 것이다.

＼ 다시 달로 향하다

비록 극복해야 할 큰 난관들이 있지만, 지금까지 달은 인간이 장기간 정착할 수 있는 유일한 장소로 여겨진다. 물론, 이 가능성을 실제 현실 세계에서 구현하는 것은 다른 문제다. 1989년, 달 착륙 20주년을 기념하며 당시 조지 H. W. 부시 대통령은 미국이 달에 다시 갈 것이며, "이번에는 머물기 위해" 가는 것이라고 선언했다. 그러나 그 이후 30년 이상 모든 미국 대통령이 이와 비슷한 발언을 했음에도, 그 말들이 실제로 이뤄진 적은 없었다. 그러다 최근 몇 년 동안 상황이 바뀌었다. 이제는 달에 인간을 보내는 것이 NASA만의 목표가 아니라 많은 나라의 우주 기관과 민간 기업가들이 함께하는 목표가 됐다.

예를 들어, 중국은 오랫동안 달 탐사 계획을 진행해왔고, 2019년에는 달 뒷면에 세계 최초로 무인 탐사선을 착륙시켰다. 2021년, 중국과 러시아는 다음 10년 내에 영구적인 달 기지를 만들기 위한 공동 계획을 발표했다. 미국도 아르테미스 계획(Artemis program)을 발표하며, 2025년에 첫 여성 우주인을 달에 보내는 것을 포함해 향후 몇 년 내에 영구 기지를 건설하겠다고 공언했다. 2015년, ESA 국장이었던 얀 뵈르너(Jan Wörner)도 '문 빌리지(Moon village)'라는 민간 주도의 계획을 지원하고, 안정적인 달 이주를 위한 토론회를 열어 구체적인 의견을 수렴하기도 했다. 이와 별개로 일론 머스크가 이끄는 스페이스X도 NASA의 아르테미스 계획에 로켓과 우주선을 공급하는 한편, '디어문(dearMoon)'이라는 최초의 관광 비행을 계획하고 있다. 이 계획에는 일본의 억만장자 마에자와 유사쿠가 거금을 투자했으며, 8명의 예술가들이 탑승해 우주여행의 경험을 예술 작품에 녹여낼 계획이다.

이러한 계획들이 어떤 방법으로, 어느 정도 수준에서 실현될지 단언하기는 어렵다. 지난 수십 년간의 경험은 그 아무리 구체적으로 시작된 계획이라 할지라도 정치적, 경제적 상황이 급변하면 쉽게 폐기될 수 있음을 잘 보여줬기 때문이다. 아폴로 임무도 처음에는 인류의 새로운 시대의 시작으로 모두에게 환영받았지만, 그 후 몇 년 안에 역사의 막다른 길로 들어섰다.

인간이 지구 밖으로 이주하려 한다면 그 첫걸음은 가장 낮은 단계부터 시작해야 한다. 그런 면에서, 더 멀리 나아가기 전에 달에서 생활할 수 있는지를 먼저 증명하는 것이 논리적이다. 실제로, 달 식민화를 주장하는 이들은 달이 지구 밖에서 살아가기 위한 기술을 점검하고, 더 먼 목적지로 가는 전초기지로서 역할을 할 수 있을 거라고 주장한다. 예를 들어, 에너지 측면에서 봤을 때 달에서 로켓을 발사하는 것이 지구에서 발사하는 것보다 더 유리하다. 하지만 이러한 이점이 달 표면에서 건축 자재를 조립하거나 현장에서 연료를 생산하는 데 필요한 어려움과 그 비용을 상쇄한다고 보기는 어렵다. 인간이 직접 달에 가는 것조차 과학적 이점이 별로 크지 않다. 자동 탐사선을 사용하는 것이 훨씬 더 경제적이고 위험도 적고, 비슷한 수준의 결과를 낼 수 있기 때문이다.

현재 다시 떠오른 달 탐사에 대한 열기는 어느 정도 1960년대 첫 번째 임무들을 추진했던 분위기와 비슷한 면이 있다. 당시 우주 경쟁의 주된 동기는 미국과 소련 사이의 냉전이었다. 두 나라 모두 정치적, 군사적 우위를 차지하려고 애썼다. 오늘날에는 전통적인 강대국과 신흥 강국, 우주 사업가들이 미래의 잠재적 이득을 놓치지 않으려는 욕망에서 다시 달에 가려고 애쓴다. 달 표면은 황량하고 경제적 이득이 담보되지 않지만, 그들은 선점 효과를 노리며 깃발을 꽂으려 할 것이다.

반면에, 우주 식민화 지지자 모두가 달에서 시작해서 점차 그 목표를 넓혀야 한다는 데 동의하는 건 아니다. 그들 중 상당수는 달 표면에 영구 기지를 세우려는 계획에 의문을 제기하며, 그 노력을 화성 정복에 집중해야 한다고 주장한다. 이 중에서도 버즈 올드린은 더욱 적극적이다. 그는 한 인터뷰에서 이렇게 지적했다. "달 표면은 식민지를 세우기에 부적합한 장소다. 달 환경은 그 황량함과 적대성 때문에 생명체가 존재하기 어려울 정도로 극도로 열악하다. 아폴로의 영광을 반복한다고 해서 미국 우주과학의 권위를 높이거나 대중과 차세대 우주 탐험가들의 지지와 열정을 불러일으키지는 못할 것이다. [⋯] 다음으로 우리가 해야 할 일은 우주 계획을 위한 목표를 대담하게 설정하는 것이다. 즉, 미래의 미국을 위한 화성이다. 단지 깃발 꽂고 사진 찍기 위해 가는 것이 아니라, 새로운 세계에 첫 번째 농장을 건설하기 위한 여정이어야 한다."[7]

그의 말처럼, 대중의 상상력을 자극하는 측면에서 달에 다시 가는 것은 화성에 처음 도달하는 것만큼 마음을 요동치게할 수 없다. 일론 머스크가 약속한 이번 세기 안에 화성에 첫번째 도시를 세울 수 있다는 꿈처럼 말이다. 이제 이 꿈이 실제로 실현될 수 있는지를 판단할 때가 왔다.

＼ '종이 위'의 화성 프로젝트

20세기 우주 경쟁의 불편한 진실 중 하나는, 미국이 베르너 폰 브라운(Freiherr von Braun, 1912~1977)이라고 하는 결코 칭찬받을 수 없는 과거를 가진 인물의 결정적인 도움이 없었더라면 인간을 달에 보내지 못했을 거라는 사실이다. 폰 브라운이 미사일 공학의 천재였다는 사실은 의심의 여지가 없다. 그가 자신의 재능을 나치 독일에 바쳤고, 친위대 장교로서 활동하면서 런던을 폭격한 악명 높은 V2 로켓을 개발했다는 사실 또한 명백하다. 전쟁 후, 폰 브라운을 비롯해 나치에 부역했던 다수의 과학자와 기술자들은 정의롭지 못한 실용주의 노선을 걷던 미국 군대의 미사일 계획에 합류했고, 결국 그들은 신생 미국 우주 기관의 일부가 됐다. 폰 브라운은 NASA 마셜 우주 비행

센터(Marshall Space Flight Center)의 초대 관장이 됐다. 이후 아폴로 우주선을 달로 가게 한 새턴 V(Saturn V) 로켓의 주요 설계자로서 역할을 다했으며, 미국 우주 탐사의 아버지로 취급된다.

1950년대, 폰 브라운은 화성 탐사를 위한 구체적인 계획을 처음으로 제안했다. 이 계획은 그가 1948년과 1949년 뉴멕시코의 미사일 연구센터에서 엄격한 감시하에 근무하던 때 시간을 보내려고 쓴 공상과학 소설에서 비롯됐다. 그의 책은, 20세기 초 인기를 끌다가 이미 당시에 폐기되다시피 한 개념, 즉 화성에 복잡한 인공 운하망을 건설한 지능적 문명이 존재하고 있을 거라는 생각에 다시 불을 지폈다. 폰 브라운은 그의 소설에서 1980년 화성에 도착한 인간들이, 고대부터 지하에서 사는 기술적으로 진보된 화성인들을 만나는 상황을 상상했다.

그의 책이 18개 출판사로부터 거절당한 것을 보면, 폰 브라운의 소설가로서의 재능은 기술자로서의 재능에 미치지 못했던 것으로 보인다. 다만, 오늘날 주로 두 가지 이유로 이 소설이 회자되곤 한다. 첫째, 화성 정부의 지도자에게 부여된 직책명과 스페이스X의 창립자 이름 '일론(Elon)' 사이의 흥미로운 우연의 일치 때문이다. 둘째, 소설의 부록에 화성 탐사에 대한 다양한 기술적 단계와 사양이 상세하게 기술된 점이다. 1952년, 소설의 부록만 모아 독일어로 쓰인 《화성 프로젝트(Das Marsprojekt)》를 출간했는데, 오늘날 이 책은 화성 탐사에

관한 가장 영향력 있는 출판물 중 하나로 평가된다.[8]

폰 브라운은 이 책에서 3년에 걸쳐 70명의 승무원이 참여하는 거대한 구상을 계획했다. 그의 주된 계획은 승무원들이 10척의 우주선(7척은 여객선, 3척은 화물선)에 나눠 타고 화성 표면에서 1년 이상을 보내는 것이었다. 만약 이 계획이 진행됐다면, 계획에 활용될 우주선은 지구 저궤도에 있는 우주정거장에서 46개의 재사용 가능한 로켓으로 운송된 재료로 조립될 예정이었다.

《화성 프로젝트》는 적어도 종이 위에서는 현실적이었고, 그 웅장함으로 대중의 상상력을 자극하기에 충분했다. 그의 구상은 당시 인기 잡지, 텔레비전 프로그램뿐 아니라 월트 디즈니가 제작한 다큐멘터리 시리즈를 통해서도 크게 주목받았다. 아폴로 탐사 성공 이후, 폰 브라운은 자신의 명성을 활용해 1980년대에 실행을 목표로 화성 계획을 설파했다. 이후 초기 계획을 수정해 2대의 우주선에 각각 6명의 승무원을 탑승시키는 방안을 미국 정부에 제안하기도 했다. 이 제안은 닉슨 대통령에 의해 진지하게 검토됐지만, 결국 폰 브라운의 영향력에도 불구하고 우주왕복선 계획(30년간 운영되다 2011년에 종료된 재사용 가능한 우주왕복선 프로그램으로, 두 차례의 큰 재난으로 14명의 우주인이 사망한 비극도 포함된다)에 밀려 폐기됐다.

많은 화성 식민화 지지자들은 폰 브라운의 구상이 실패한 시점을 우주 탐사의 분기점으로 본다. 그들은 상황이 달라졌다면 '워크맨'과 '커모도어 64' 시대에 인간이 화성을 걷는 장면을 볼 수 있었을 것이며, 지금쯤 화성에 도시가 있고, 지구 밖에서 태어난 첫 세대 정착민들이 있을지도 모른다고 말한다. 대안적인 역사를 말할 때 항상 그렇듯이, 확인할 길은 없다. 다만 주어진 현실에 만족해야 한다. 하지만 이러한 시각에 대해 몇 가지 의문을 제기하지 않을 수 없다. (그들뿐 아니지만)《화성 프로젝트》에 대한 향수를 가진 이들은 우주왕복선에 자원을 집중한 것이 미국의 우주 계획을 사실상 막다른 길로 내몰았다고 주장한다. 하지만 이 말이 옳다고 가정하더라도 화성으로 우주인을 보내는 선택이 반드시 성공했을 거라는 보장은 없다. 사실, 폰 브라운의 구상에 근간이 된 개념 중에는 여전히 유효한 것들도 있지만, 다른 일부는 완전히 구식이 돼 오늘날에는 그 원래 개념으로 절대 작동하지 않는다. 이때의 개념만으로 화성 탐사를 떠났더라면 실패했을 거라는 것이 오늘날의 과학으로 분명해졌다.

화성으로 떠나는 흔한 여행법

지난 1950년대부터 지금까지 절대 변하지 않은 것이 하나 있다면, 그것은 바로 행성 간 비행 역학이다. 이유는 간단하다. 우주여행은 크게 두 가지 요소에 의해 지배된다. 첫 번째는 우주의 모든 질량 사이에 작용하는 중력으로, 우리를 지구 표면에 붙들어 둔다. 두 번째는 중력의 속박에서 벗어나기 위해 운송 수단에 가할 수 있는 속도다. 중력은 우리가 통제할 수 없고, 두 번째는 우주선의 추진 방식에 의해 제한된다. 지금까지는

1967년 11월 9일, 케네디 우주센터에서 진행된 아폴로 4호 발사 장면. 아폴로 4호의 발사체 새턴 V 로켓은 인류 역사상 가장 강력한 추력을 가진 로켓으로, 1단 엔진은 당시 개발된 단일 엔진 중 가장 큰 출력을 자랑했다. 아폴로 4호는 아폴로 임무의 첫 번째 무인 시험 비행으로, 달 착륙 임무를 위한 중요한 시험대였다. ⓒNASA

사실상 아폴로 우주선을 달로 보냈던 것과 같은 추진 방식, 즉 화학 반응을 이용한 로켓을 사용하고 있다. 이는 가능한 한 빠른 속도로 대량의 연료를 배출해 지구의 중력을 극복하는 추력을 만드는 것이다.

무한한 에너지를 가지고 있거나, 혹은 매우 높은 수준으로 에너지를 농축할 수 있다면, 단순히 가장 짧은 경로인 직선으로 한 행성에서 다른 행성으로 이동할 수 있을 것이다. 하지만 이는 공상과학 영화에서나 가능한 일이다. 비행 역학이 처한 가혹한 현실은, 로켓의 질량 대부분을 연료가 차지한다는 사실만으로도 알 수 있다. 실제로, 지구 저궤도에 진입하는 데만 엄청난 양의 연료를 소모해야 한다. 달 탐사 로켓 새턴 V의 높이가 100미터가 넘었던 이유는, 로켓의 거의 모든 공간이 추진에 사용되는 연료로 채워졌기 때문이다. 그마저도 이 연료들은 발사 초기 몇 분 동안 대부분 배출돼 사라졌다. 출발 시 새턴 V 로켓의 총 질량은 약 3,000톤이었는데, 이 중 연료를 제외한 유효 적재량은 50톤에 불과했다.

우주에서는 로켓을 계속 켜놓고 비행할 수 없다. 그럴 수 있다면 여행 시간을 크게 줄일 수 있겠지만, 넉넉한 양의 추진제를 가지고 가는 것은 사실상 불가능하다.* 따라서 우주 항법은 불필요한 적재를 엄격히 억제하고, 필요할 때만 추진력을 가해 대부분의 경로를 엔진을 끈 상태로 이동하는 궤도 기동을 연구하는 데 집중한다.

　가장 효율적인 궤도 기동 중 하나는, 1925년 독일의 과학자 발터 호만(Walter Hohmann, 1880~1945)에 의해 개발됐다. 그는 1897년에 출판된 쿠르트 라스비츠(Kurd Lasswitz, 1848~1910)의 공상과학 소설《두 행성에서(Auf zwei Planeten)》를 읽고 이 개념을 떠올렸는데, 이 소설은 우연히도 화성과, 그 당시에 유행했던 지적 생명체에 관한 이야기를 다뤘다. 어쨌든, 이른바 '호만 전이 궤도(Hohmann transfer orbit)'는 우주선이 한 궤도에서 다른 궤도로 가는 데 최소한의 연료를 소모하며 기동하는 방법을 다룬다. 원칙적으로 이 기동에서는 두 번의 로켓 점화가 필요하다. 첫 번째 점화는 출발 궤도에서 벗어날 때 이뤄지고, 두 번째 점화는 도착 궤도에 진입할 때 이뤄진다. 궤도를 변경하는 경로에 있는 동안에는 우주선이 관성에 의해 움직이며 그 과정에서 연료를 소모하지 않는다.

　출발점이 지구 궤도이고 도착점이 화성 궤도라면, 호만 전이 궤도를 통해 한 행성에서 다른 행성으로 매우 효율적으

●　**우주선이 지구 중력을 벗어나기 위해서는 막대한 양의 추진제가 필요하지만, 로켓 방정식(Rocket equation)에 따라, 우주선의 질량 대부분을 추진제가 차지하게 되면 효율이 매우 떨어지게 된다.** 따라서 우주 비행을 위한 최소한의 추진제로 최대 효과를 내는 궤도 기동 전략을 수행할 수밖에 없다.

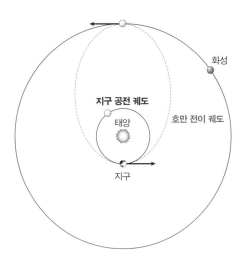

호만 전이 궤도를 통한 화성 궤도 진입 개념도. 우주선은 지구 궤도에서 벗어나기 위해 로켓을 점화해 타원형 궤도(호만 전이 궤도)로 이동하고, 화성 궤도에 진입하기 위해 로켓을 한 번 더 점화한다. 호만 전이 궤도는 연료 사용을 최소화하면서 두 행성 사이를 효율적으로 이동하는 데 사용되는 기동 방법이다.

로 이동할 수 있다. 실제로 이 기동은 폰 브라운이 화성 계획을 설계했을 때 적용됐으며, 지금도 지구에서 출발해 화성에 도달하기 위한 실질적이고 유일한 방법으로 쓰이고 있다. 그러나 연료를 아끼는 대신에 대가가 따른다. 이 기동은 지구와 화성 사이의 특정한 조건이 마련됐을 때만 수행할 수 있는데, 약 26개월마다 열리는 '발사 창(Launch window)'이 바로 그 시기다.

그렇다면 화성으로의 여행은 얼마나 걸릴까? 근점(近點,

Periapsis)*을 기준으로, 지구와 화성은 약 5,500만 킬로미터 떨어져 있다. 이 거리는 지구와 달 사이의 거리보다 140배 이상 멀다. 단순히 생각해도 며칠 만에 갈 수 없는 거리라는 사실을 알 수 있다. 직선 경로를 통해 이동할 거라는 순진한 기대와 달리 이동 궤도의 역학 때문에 여행 시간은 훨씬 더 늘어난다. 실제로 화성행 우주선은 단순히 출발할 때의 화성 위치로 비행하지 않는다. 공전 궤도를 고려해 도착할 때 화성이 있을 위치를 향해 나아가야 한다. 어쨌든 현재 (그리고 앞으로 수십 년 동안 현실적으로) 사용 가능한 어떤 기술로도 6개월 이내에 화성에 도달하는 것은 생각하기 어렵다. 여기에 승무원과 함께 적재해야 하는 필수적인 물자들과 그에 따른 동력 소모를 고려한다면, 더 합리적인 추정 소요 기간은 약 9개월 정도다.

앞서 살펴본 것처럼, 인간은 우주에서 생각보다 긴 시간 동안 머물 수 있다. 이미 여러 우주인이 6개월 이상 국제우주정거장에서 시간을 보내기도 했다. 그러나 화성으로 향하는 우주선은 지구 저궤도보다 훨씬 더 적대적인 환경에 놓인다. 과거 이 경로로 임무를 수행했던 무인 탐사선의 방사선 측정 결

●　　**지구 공전 궤도상 다른 천체와 가장 가까운 지점.** 가장 멀리 있는 지점은 원점(遠點, Apoapsis)이라고 한다. 태양의 경우에는 각각 근일점, 원일점으로 부른다.

과에 따르면, 국제우주정거장과 비교해 같은 기간 동안 우주 방사선에 의해 노출되는 복사량이 훨씬 더 많았을 뿐 아니라, 일반인들이 지구 표면에서 매년 받는 양보다 100배 이상 많았던 것으로 드러났다.[9] 또한, 여행 중에 발생하는 태양 플레어나 코로나 질량 분출과 같은 예측 불가능한 태양 활동의 영향도 무시할 수 없다. 이러한 태양 활동은 장거리 우주여행의 큰 위협 요소다. 따라서 우주선은 우주 및 태양 방사선으로부터 승무원을 보호하기 위해 완벽히 차폐돼야 한다. 가장 확실한 방법은 벽 두께를 늘리는 것이지만, 이는 우주선 질량을 상당히 증가시킴으로써 비효율성을 증가시킨다. 다른 방법으로 우주 입자를 흡수할 수 있는 가벼우면서도 효과적인 소재를 개발해 장착하거나, 우주선 내 자체 자기장 체계를 만드는 것도 생각해볼 수 있다. 최근 이 분야는 많은 연구가 진행되고 있다. 하지만 현재까지 실제로 적용할 수 있는 확실한 결과물이 없는 상태다.

방사선은 화성 여행에서 가장 걱정되는 문제 중 하나지만, 유일한 문제는 아니다. 이미 앞에서 언급한 무중력 상태가 신체에 끼치는 문제도 있다. 이러한 문제는 반복적인 운동을 통해 일부 완화할 수 있지만, 그렇다고 완전히 해결되지는 않는다. 국제우주정거장에서 장기간 머문 우주인들도 돌아온 후 며칠이 지나야 비로소 정상 상태로 돌아온다. 따라서 승무원은 화성에 도착해 본격적인 활동에 앞서 적응 과정이 필요하다. 그 대안으로, 우주선 내부에 지구와 유사한 중력 조건을 제공할 수 있는 회전 장치를 설치해 여행 중 일부 시간을 보내게 하는 방안도 검토되고 있다. 그러나 이 방법은 우주선 설계를 상당히 복잡하게 만들고, 비용과 연료 요구량을 늘릴 것이다. 폰 브라운은 두 우주선을 케이블로 연결하고, 무게 중심을 축으로 그 둘을 회전시켜 얻는 원심력을 이용해 인공 중력을 생성하는 방식으로 이 문제를 해결하려고 했다. 비록 현실화하기는 쉽지 않지만 매우 기발한 해결책이었다.

기억해야 할 사실은 화성 탐사선의 비행 역학이 달 탐사선보다 훨씬 고난도 기술을 요한다는 점이다. 일례로, 지구와 거리가 멀어지면 실시간 통신도 점차 끊기게 되고, 양방향 전자기 신호 지연도 증가한다. 지구와 화성이 가장 가까이 있을 때 빛은 약 4분이 걸리지만, 가장 멀리 있을 때는 약 24분이 걸린다. 따라서 돌발 상황이 발생했을 때 우주인들은 사실상 지구 내 기술진의 도움을 받을 수 없다. 또한, 지구 저궤도를 떠나기 위해 점화된 후 우주선은 고속으로 가속하기 때문에, 문제가 발생해도 수정 기동을 수행하기 어렵다. 이런 상황에서라면 경로를 되돌리기 매우 어렵다. 만약 화성행 우주선에서 아폴로 13호의 사고와 비슷한 일이 일어나기라도 한다면 훨씬 더 비극적인 상황에 맞닥뜨리게 될 것이다.

화성과 지구 사이의 궤도 관계도 왕복 임무의 총 기간을 결정하는 데 중요한 역할을 한다. 실제로 화성에 도착한 후에는 다음 발사 창이 열릴 때까지 기다려야 다시 지구로 돌아올 수 있다. 이를 고려한 선택지는 주로 두 가지다. 첫 번째 선택지는 '단기 체류'다. 화성에서 약 30일을 보낸 후 400일이 넘는 귀환 여정을 시작하는 것이다. 이 귀환 여정은 매우 길 뿐 아니라, 지구로 돌아오려면 금성의 중력을 활용해야 하는데, 금성을 매우 가까이 지나쳐야 해서 복잡하다.* 결국, 우주인들은 꼬박 2년 동안 임무를 수행하게 되며, 그중 한 달은 화성에서, 나머지는 무중력 상태로 적대적인 환경의 우주에서 보내야 한다. 이 말은 곧, 복잡한 궤도 기동을 수행하는 동시에 태양에 더 가까이 다가가기 때문에 더 많은 방사선에 노출된다는 뜻이다. 두 번째 선택지는 '장기 체류'다. 화성에서 500일 이상을 보내고 돌아오는 방법으로, 걸리는 시간은 화성으로 갈 때(현실적으로 9개월)와 비슷하다. 그러면 총 임무 기간은 거의 3년에 달한다. 전문가들은 장기 체류의 장점과 관련해, 비록 총 임무 기간

● **화성 체류 후 30일이 경과하면, 화성에서 지구로 가는 최적의 발사 기간이 종료되는 시점에 접어든다.** 따라서 금성의 중력 도움을 이용하는 방법이 사용되는데, 이 방법은 귀환에 걸리는 시간이 늘어나는 대신에 연료 소비를 크게 줄일 수 있다. 중력 도움 항법은 이 책의 뒷부분에서 자세히 설명된다.

은 길어지지만 여행 시간을 최소화해 가능한 위험을 줄일 수 있으므로 화성 여행의 목적에 더 부합할 수 있다고 평가한다.

어떤 방식으로든, 화성으로 떠나는 임무는 엄청난 도전이다. 성공하기 위해서는 철저한 계획이 필요할 뿐만 아니라, 신체적, 심리적으로 신중히 선발된 승무원이 완벽하게 훈련을 받아야 한다.

그러나 이게 끝이 아니다. 그들이 화성 표면에 착륙했을 때 그들 앞에 어떤 일이 펼쳐질까?

＼ 화성은 아름답다, 그러나

1950년대, 폰 브라운이 화성 탐사에 관한 계획을 공개했을 당시에도 지금과 마찬가지로 사람들은 화성에 동물 생명체나 지능적인 문명이 존재하기 어려울 거라고 생각했다. 하지만 그때는 화성에 대한 객관적인 정보가 부족해 막연하게 생각했을 뿐이다. 화성의 대기 구성에 관해서 알지 못했기 때문에, 몇몇 과학자들은 화성 표면에서 반사된 빛과 계절 변화 관측을 근거로 화성에 식물이 존재할 수 있다는 가설을 세우기도 했다. 대체로, 화성은 '건조하고 험한 지구' 정도로 여겨졌다.

그러다 1965년, 우주 탐사선 매리너(Mariner)가 처음으로 화성을 근접 비행했을 때, 상황은 극적으로 바뀌었다. 지구로 전송된 사진들에는 생명의 흔적이라곤 찾아볼 수 없는 사막과 같은 모습이 담겨 있었다. 게다가 대기도 생각했던 것보다 극히 희박했으며, 거의 존재하지 않는 것이나 다름없었다. 폰 브라운은 날개 달린 착륙선을 타고 화성 표면에 내려앉을 수 있으리라 상상했지만, 이제 그 생각은 전혀 실현 불가능한 것으로 취급된다.[*] 사람이 탄 기체가 화성에 사고 없이 착륙하려면 속도를 줄여줄 충분한 연료가 필요하다.

화성에 착륙선을 내려보내는 일은 생각보다 간단하지 않다. 화성의 대기 저항이 특히 적기 때문에 그렇다. 무인 착륙선도 다르지 않은데, 지구와의 통신 지연 때문에 부드러운 착륙이 쉽지 않다. 이는 과거 화성 탐사에서의 많은 실패 사례를 통해 명확히 드러난다. 1960년대부터 현재까지 수행된 약 50개의 임무 중 성공한 사례가 절반이 되지 않는다. 이러한 어려움에도 불구하고, 화성은 우주에서 지구를 제외하고 가장 많이 탐사된 곳이다. 특히 최근 수십 년간 관측이 늘어나면서, 몇 미

---

[*] **2021년, '인제뉴어티(Ingenuity)' 드론이 화성의 희박한 대기에서 비행에 성공하면서, 비행 자체는 가능하다는 사실이 입증됐다.** 다만, 이 성공은 지구보다 5배나 빠른 회전 속도와 특수 소재를 사용한 초경량 구조라는 매우 특수한 조건에서 이뤄졌다. 따라서 아직까지 크고 무거운 유인 착륙선을 화성에서 비행시키는 것은 불가능하다.

터 단위 해상도의 완전한 화성 표면 지도를 가지고 있다(구글 지도와 비슷하게 탐색 가능한 구글 마스$^{Google Mars}$가 있다). 더욱이 대기 구성과 기후에 관해 매우 정확한 지식을 가지고 있다. 여전히 알아야 할 것들이 많이 남아 있기는 하지만, 화성에 대해서 한 가지 만큼은 확실하게 말할 수 있다. 화성은 분명히 친근하지 않은 곳이다.

화성의 기후는 매우 혹독하다. 평균온도는 섭씨 -60도 정도지만, 가장 낮을 때는 섭씨 -150도 이하로 떨어진다. 가장 더운 시기에 적도 주변 지역에서 표면 온도가 섭씨 20도 정도까지 오를 수 있지만, 대기의 밀도가 낮아 고도가 높아지면 온도가 매우 빠르게 떨어진다. 그래서 화성 표면에 서 있는 사람이라면 발밑은 쾌적할 수 있지만, 머리 보호구는 얼어붙을 정도로 차가울 수 있다.

참고로 보호구에 대해 부연하자면, 이산화탄소 95퍼센트로 구성된 화성의 대기는 인간이 호흡하기에 적합하지 않을 뿐 아니라, 매우 희박하기까지 하다. 표면 기압은 지구와 비교했을 때 100분의 1 수준으로, 지구 고도 30킬로미터 상공의 기압과 비슷하다. 사실상 산소 공급은 물론, 압력 조절장치를 갖춘 우주복 없이는 돌아다닐 수 없다. 여기에 더해 높은 이산화탄소 농도에도 불구하고 대기가 너무 희박해서 사실상 온실효과가 일어나지 않는다. 그런 탓에 표면에서 반사된 태양광 대부분이 우주로 사라져 매우 춥고 적막하다.

이미 충분히 말한 것처럼, 대기가 희박한 탓에 해로운 방사선으로부터 보호받을 수 없다. 지구와 달리 화성은 자기장이 없어서 우주에서 오는 이온 입자들로부터 보호받지 못한다는 사실도 추가해야 한다. 로봇 탐사차(Mars rover)의 화성 토양 분석에 따르면, 화성 표면은 불모지일 뿐만 아니라 생명에 기초가 되는 유기 분자조차 없다. 방사선과 토양의 화학적 작용으로 파괴됐기 때문이다. 화성에 체류하는 우주인들은 지구에서 1년 동안 받을 수 있는 방사선량을 단 5일 만에 받게 된다. 이마저도 가끔 발생하는 태양 폭풍을 고려하지 않은 계산이다. 예를 들어, 2017년에는 화성 표면의 기기들이 이틀 동안 평소보다 2배에 해당하는 고에너지 이온 입자를 받은 것으로 기록됐다.[10]

화성의 강한 바람도 문제다. 종종 거대한 모래 폭풍이 화성 전체를 뒤덮기도 한다. 폭풍이 일어나면 먼지가 몇 달 동안 공중에 떠다니며 태양 빛을 가린다. 모래 폭풍의 직접적인 손상은 피할 수 있다고 해도, 전자 장비와 태양 전지판의 손상까지 피하기란 쉽지 않다.

또한, 화성의 표면 중력이 지구의 약 3분의 1밖에 되지 않는다는 점도 간과할 수 없는 문제다. 달 중력보다는 강하지만, 여전히 약해서 장기 체류 시 밝혀지지 않은 신체적 악영향을 받을 수 있다. 이는 화성 임무를 하는 데 결코 간과해서는 안 될 요소다.

지난 수십 년간 로봇 탐사차가 촬영한 화려한 화성의 풍경은, 얼핏 보면 지구의 이국적인 곳들과 크게 다르지 않아 보인다. 그래서 모험을 꿈꾸는 이들에게는 배낭을 메고 선글라스를 쓴 채로 첫 우주선에 올라타고 싶은 충동을 불러일으킬 수 있다. 하지만 실제 상황은 매우 다르다. 위험하고 힘든 여정 끝에 화성에 도착한 인간은, 지구상의 그 어떤 황량하고 척박한 곳과도 비교할 수 없는 가혹한 환경에 직면하게 될 것이다. 사실상, 야외 활동을 최소화하고 대부분의 시간을 지하처럼 외부 환경과 격리된 인공 공간에서 보내야 할 것이다.

╲ 지구의 남극도 그곳에서는 천국이 된다

그나마 지구 내에서 화성과 어렴풋이 비슷한 환경을 찾자면, 우리 종이 정착하지 않은 유일한 대륙 남극으로 가야 한다. 남극점 인근에는 사람이 항상 거주하는 3개의 영구 내륙 기지가 있다. 러시아의 보스토크 기지(Vostok Station), 미국의 아문센-스콧 남극점 기지(Amundsen-Scott South Pole Station), 그리고 이탈리아-프랑스 공동의 콩코르디아 기지(Concordia Station)다.●

그중 콩코르디아 기지는 세계에서 가장 사람이 살기 어려운 곳 중 한 곳이다. 해발 3,200미터에 위치한 콩코르디아 기지는 지구에서 가장 추운 장소로, 연중 내내 영하의 온도를 유지하며 최저 기온이 섭씨 -80도까지 떨어진다. 4개월 동안은 태양이 뜨지 않아 완전한 어둠이 지속된다. 또한, 대기가 매우 희박할 뿐만 아니라 사하라 사막처럼 매우 건조하다. 적막하고 얼음으로 덮여 있는 환경으로, 동식물은 전혀 찾아볼 수 없고 오직 가장 강인한 미생물만이 그 극한의 환경에 적응하는 전략을 찾아 생존한다.

따뜻한 계절에도 생활하기 어려워서, 기지 밖에서 오래 머물 수 없다. 겨울에는 상황이 더욱 극단적으로 치닫는다. 2월부터 10월까지 콩코르디아는 외부와의 접근이 차단되고, 기지에 남은 소수 연구원(보통 12명 정도)은 완전히 고립된다. 그곳에 머무는 이들도 연구 목적(기후 연구, 물리학 및 천문학 실험, 그리고 극한 상태의 생리학적 및 심리학적 효과 관측)으로 체류할 뿐, 남극의 도시 건설이나 영토 확장을 계획하는 것은 아니다. 지구상 누구라도

● **남극 내륙 기지는 언급된 이곳들 말고도 일본의 돔 후지 기지**(Dome F)**와 중국의 쿤룬 기지**(Kunlun Station) **두 곳이 운영되고 있으나, 혹독한 기후로 인해 여름철에만 한시적으로 운영되고 있다.** 참고로, 한국도 2032년에 내륙 기지를 건설할 계획이다.

남극의 경치를 로맨틱하게 바라보거나, 평생을 그곳에서 보내고자 하는 사람은 드물다.

그럼에도 불구하고, 콩코르디아 기지나 다른 남극의 영구 기지에서의 조건은 화성에서 겪게 될 상황보다 훨씬 더 좋다. 자유롭게 숨 쉴 수 있고, 방사선을 걱정할 필요도 없으며, 태어날 때부터 익숙한 중력 조건에서 생활할 수 있다. 필요한 전기는 간단한 디젤 발전기로, 물은 얼음을 녹여서 얻을 수 있다. 위성 통신을 통해 전 세계와 실시간으로 소통할 수도 있다(화성에서 지구와의 교신에 몇 분을 기다려야 하는 걸 생각해보면 너무나 훌륭한 조건이다). 비록 몇 달 동안 문명과 단절돼 살아야 하지만, 가장 가까운 거주 가능 기지가 고작 600킬로미터 정도 떨어져 있을 뿐, 수천만 킬로미터나 떨어져 있지는 않다. 여름에는 사람과 가벼운 자재를 소형 비행기로 쉽게 수송할 수 있으며, 무거운 물품도 궤도 차량을 이용하면 며칠 내에 옮길 수 있다. 그러니 몇 달 동안 필요한 모든 것을 갖추는 데 불가능한 장애 요인은 없다.

이 모든 어려움은 화성에서의 임무 수행이나 영구 기지 설립에 필요한 물류적 어려움에 비하면 사소한 것들이다. 우주선 승무원의 생존에 필요한 물자 일부는 사전에 화성으로 보낼 수 있지만, 지구에서 화성으로 추가로 운반되는 모든 무게는 엄청난 비용을 수반한다는 점을 기억해야 한다. 결국, 현장에서 필요한 물자를 조달할 방법을 찾아야 한다.

우선, 화성 정착민에게 가장 필요한 것은 산소다. 이를 얻는 한 가지 방법은 대기 중에 있는 이산화탄소(탄소 1개와 산소 2개를 포함한 분자)에서 산소를 추출하는 것이다. 이 방법은 2021년 퍼서비어런스(Perseverance) 탐사차의 목시(화성 산소 현장 자원 활용 실험, Mars Oxygen In-Situ Resource Utilization Experiment, MOXIE) 장치를 통해 기술적으로 가능하다는 것이 증명됐다. 토스터 크기의 이 장치는 매시간 약 10그램의 산소를 생산할 수 있다. 이는 정상적인 조건에서 한 사람이 약 20분 동안 호흡할 수 있는 양이다. 물론, 몇 달이나 몇 년 동안 승무원들에게 호흡에 필요한 수 톤의 산소를 공급하는 일은 그보다 훨씬 어려운 일이다. 게다가 화성에서 지구로 돌아가는 로켓 연료로만 수십 톤의 산소가 필요하다. 결론적으로, 화성 대기에서 산소를 추출하는 것이 이론적으로는 가능하지만, 실제로는 전혀 간단한 일이 아니다. 예를 들어, 산소를 만들 때 필요한 열량은 현장에서 생산해야 하는데, 이때 핵에너지가 필요하다.

이론적으로, 물 분자를 수소와 산소로 분리하는 '전기분해' 과정을 통해 물에서 산소를 얻을 수 있다(부연하자면, 수소와 산소 이 두 원소는 로켓 연료로도 쓰인다). 이 과정은 학교 실험실에서 자주 진행되듯이 그 자체로 매우 기초적인 기술에 속한다. 하지만 화성에서 생존에 필요한 산소의 양을 생산하기 위해서는 엄청난 양의 전기 에너지가 필요하다. 또한, 이 모든 것은 정착민들이 충분한 양의 물을 사용할 수 있다는 전제가 있어야 하는데, 이는 결코 평범한 양이 아니다.

물의 존재와 접근성은 화성 임무에 필수적인 요소다. 수십억 년 전 화성 표면이 강, 호수, 바다로 덮여 있었다는 증거가 다수 발견되고 있지만, 오늘날의 화성은 매우 메마른 화성이다. 화성의 기압과 기온 조건을 고려하면 표면에 액체 상태의 물이 존재할 수 없다. 다만, 토양 속에 얼음 형태로 남아 있는 물을 생각해볼 수는 있다. 그 양을 정확히 파악하기 어렵지만, 분명한 사실은 화성 극지방에 얼음층이 상당량 존재한다는 점이다. 또한, 그밖에 다른 지역에서도 표면 아래층에서 직접 채취할 수 있는 얼음이 존재할 가능성이 있다. 2018년, 마스 익스프레스(Mars Express) 탐사선의 레이더 자료 분석을 통해 약 1.5킬로미터 깊이에서 액체 상태의 물이 존재할 가능성을 보여주는 증거가 발견됐다.[11]

결론을 먼저 말하자면, 화성에 물이 존재하기는 하지만 당장 사용하기에 적합한 형태는 아니다. 대부분의 물이 토양과 섞인 얼음 형태로 존재하며, 이는 지구의 영구 동토층과 유사하다. 이를 액체로 만들기 위해서는 또 다른 복잡한 장치, 즉 추출과 증류 등 복잡한 기계적 장치가 필요하고, 여기에는 엄청난 에너지가 있어야 한다(다시 말하지만, 화성 내 핵에너지 생산이 불가피하다). 상황을 낙관적으로 가정해 수 킬로미터 깊이에 액체 상태의 지하수가 존재한다고 하더라도, 그걸 끌어 올리는 일도 만만치 않다.

먼저 물의 위치를 파악해야 하지만, 그 후에는 두꺼운 암석층을 관통할 수 있는 타공기를 설치해야 한다. 또 지하에 액체 상태의 물이 정말로 존재한다면, 그 물은 거의 확실히 다른 불순물들과 섞여 있을 것이므로, 사람들이 사용하기 전에 정수 과정이 필요할 것이다. 다른 대안으로 대기 중 수증기에서 물을 추출하는 방법을 생각해볼 수 있다. 이 방법 또한 이론적으로는 간단하지만, 실제 실행 가능한지는 아직 증명되지 않았다. 이 방법 중 어느 것도 할 수 없다면, 화성에 정착할 가능성은 거의 사라진다. 준비 없이 화성으로 떠나는 것은 무모한 짓이다. 더군다나 화성에 도착해서 충분한 물을 얻을 수 없다면 더욱더 그렇다.

물과 산소는 식량을 현지에서 조달하는 데도 필수적이다. 현지에서 생산할 수 있는 유일한 식품은 채소가 될 것이지만, 화성에서 자라난 호박과 콩 요리를 식탁에 올리려면 큰 난관을 극복해야 한다. 우리가 '흙'이라고 부르는 물질(지구의 지각 일부를 덮고 있는, 유기물과 무기물의 혼합물로 생물 성장의 토대)은 지구 생명체와 대기의 영향으로 천천히 형성된 결과물이다. 지구 표면은 식물이 살 수 있는 환경을 준비하는 데 수십억 년이 걸렸다.

반면에 화성의 토양은 있는 그대로 경작에 쓰일 수 없다. 사실, 그것을 '토양'이라고 부르는 것조차 부적절할 수 있으며, 올바른 용어는 이미 달 표면에서 알게 됐던 '레골리스'다. 이 흙을 경작에 사용하기 위해서는 다양한 유기물과 비료를 인공적으로 첨가해야 하며, 과염소산염(Perchlorate)과 같은 독성 물질이 고농도로 포함돼 있어서 인간과 대부분의 생물체에 해롭다. 짐작하건대, 화성에서의 농업은 수경재배, 즉 물과 영양분을 추가하는 방식으로 시작해야 할 것이다. 여기에 또 생각해야 할 점은 일조량 부족이다. 화성은 지구가 받는 일조량의 약 60퍼센트 수준으로 햇빛을 받는다. 어떤 방식으로든, 식용 식물은 외부 환경과 격리된 온실에서 재배돼야 하며, 인공 빛과 대기, 비료, 영양분, 온도 조절 등 지속적인 관리가 필요하다. 가장 긍정적인 상황에서조차, 이렇게 생산된 수확물이 이주민의 식단에서 차지하는 비중이 높을 거라고 보기는 어렵다. 아마도 최소 열량과 영양소를 갖춘 식단으로 구성될 것이다. 여전히 화성 식민화 각본은 지구에서 가져온 식량 공급 없이 불가능해 보인다.

지구에서 가장 살기 어려운 곳조차 화성에 비하면 천국이다. 화성에 인간을 보내는 일은, 심지어 몇 년간의 왕복 임무만 하더라도 엄청난 성과가 될 것이다. 하지만 제대로 된 준비 없이 화성으로 떠나는 일은 대규모 자살만큼이나 미친 짓일 수 있다. 우주선 본진이 도착하기 수년 전부터 별도의 많은 비행을 통해 모든 재료와 장비를 미리 보내 준비해야 한다. 처음 도착한 이들이라면, 외부 환경으로부터 철저히 보호받을 수 있는 정착 기지에서 대부분의 시간을 보내야 한다. 적절한 양의 식량, 공기, 에너지 공급 체계를 갖추고 있어야 한다. 장기적인 정착 계획은 그보다 훨씬 더 큰 어려움이 뒤따를 것이다. 어쨌든, 화성의 정착지는 거의 완벽히 폐쇄되고 자급자족하는 체계로 구축돼야 하며, 외부 조건과 별개로 식물과 소규모 생물이 자라는 밀폐된 테라리움(Terrarium)과 같을 것이다. 아마도 화성에서의 삶은 유리 안에서 이뤄질 것이다. 그런데 이런 일이 가능하기는 할까?

＼ 밀폐된 유리 안에서 생존하기

1991년 9월, 8명의 사람들(4명의 여성과 4명의 남성)이 애리조나 사막에 지어진 거대한 금속과 유리 구조물에 자발적으로 들어갔다. 두 해 동안 완전한 고립 상태에서 지내기 위해서였다. 그들이 들어간 구조물은 텍사스의 억만장자 에드 바스(Ed Bass)가 기부한 1억 5,000만 달러의 비용으로 지은 아주 야심 찬 이름의 '바이오스피어 2(Biosphere 2)'였다. 이름에서 추측할 수 있듯이, 이 구조물은 햇빛을 제외한 모든 에너지와 물질의 상호작용을 차단한 인공생태계로, 자급자족 가능한 지구 생태계를 재현하기 위해 설계됐다. 실험 시작 당시, 바이오스피어 2에는 3,800여 종의 식물과 동물을 함께 들였으며, 열대우림, 바다, 습지, 사막, 사바나 등 다섯 가지 다른 생태계를 재현했다. 입구를 밀봉한 후, 참여자들은 스스로 음식을 생산하고 공기와 물을 재활용했다. 또 유기성 폐기물을 관리하며 심각한 갈등이나 우울증을 겪지 않고 공존하는 방법을 모색해야 했다. 물론,

바이오스피어 2 전경. 애리조나 사막에 있는 이 거대한 금속과 유리 구조물은, 외계에서 자급자족 생태계를 구현할 가능성을 탐구하기 위해 설계된 연구 시설이다.

©Christopher P. Michel(www.ChristopherMichel.com)

세상과의 그 어떤 접촉도 없이 말이다.

실제로, 바이오스피어 2는 거대한 테라리움처럼 꾸며졌다. 그때까지 이뤄진 실험 중 인공 화성(혹은 외계)과 가장 비슷한 생태계였다. 하지만 안타깝게도, 문제는 시작과 거의 동시에 일어났다. 그들은 주로 채소 위주로 먹고, 가축으로부터 나오는 소량의 우유, 고기, 달걀을 통해 부족한 동물성 단백질을 보충할 계획이었다. 그러나 채소 재배와 가축 사육이 예상보다 훨씬 어려웠을 뿐 아니라, 그나마 먹을 수 있는 채소도 사탕무와 감자 정도여서 필수 열량과 영양분을 충분히 섭취할 수 없었다. 몇 달 후에는 구조물 내 산소 농도도 우려할 정도로 떨어지기 시작했다. 이산화탄소가 점차 축적되면서 8명의 참가자 모두에게 졸음, 굼뜬 움직임과 어눌한 말투 등의 고산병 증상이 나타났다. 함께 들어갔던 상당수 동물도 폐사하면서, 바퀴벌레와 개미 같은 생존력이 강한 종들이 바이오스피어 2 전체를 채워갔다. 여기에 더해, 운영과 관리를 두고 잦은 갈등이 일어나며 참가자 간 인간관계 문제도 불거졌다.

이 실험은 예정했던 두 해를 채우고 마무리됐지만, 그 결과는 논란의 여지가 많았고 그다지 성공적이지 못했다. 실험 종료 몇 달 후, 실험 과정에서 한 참가자가 상처 치료를 위해 밖으로 나갔다가 구조물 안으로 물품(아마도 음식)을 들여온 사실이 밝혀지기도 했다. 또 외부 공기가 유입되며 산소 농도가 회복된 것으로 밝혀졌고, 그밖에도 참가자들이 격리 규정을 여러 차례 위반했다는 주장이 제기됐다. 이러한 주장의 진위는 확실하게 밝혀지지 않았지만, 바이오스피어 2가 원래의 목적대로 완전히 지구 환경으로부터 분리된 적이 없었다는 것만큼은 확실해 보인다. 1994년 3월에 시작된 두 번째 도전은 이러한 문제들을 보완해 새로운 참가자들과 함께 의욕적으로 시작됐지만, 몇 달 만에 투자자들이 사업을 청산하기로 결정하면서 중단됐다. 한동안 이 구조물은 방치됐다가 지금은 생태계 연구 목적으로 애리조나 대학교에서 관리하고 있다.[12]

바이오스피어 2가 들려주는 이야기는 절반은 기이하고, 절반은 교훈적이다(영화 '바이오돔Bio-Dome'과 다큐멘터리 '지구우주선 1991Spaceship Earth'에 영감을 주기도 했다). 그러나 이 실험은 과학적 엄밀성의 전형이기는커녕 지구 밖에서 자급자족할 수 있는 거주지를 운용하는 것이 얼마나 어려운지 잘 보여주는 사례에 가깝다.[13] 애리조나 사막에서와 달리, 달이나 화성의 거주지에서는 긴급한 상황이 일어나도 몰래 빠져나와 가까운 슈퍼마켓으로 뛰어갈 수 없고, 유리 밖으로 코를 내밀어 신선한 공기를 들이마실 수도 없다. 게다가 화성에서 외부의 도움을 받으려면 최소한 몇 달이 걸릴 것이다. 만에 하나 인공 생태계에 문제라도 생긴다면 자칫 파멸적인 결과를 피할 수 없다.

물론, 지구 밖에서 장기간 머물러 있는 일이 불가능한 건 아니다. 이미 봤듯이, 국제우주정거장은 20년 넘게 계속해서 우주인들이 체류하고 있는데, 그곳은 사실상 완전히 인공적인 외계 환경이다. 하지만 지구에서 고작 400킬로미터 떨어진 저궤도에서 사람들 몇 명의 생존을 유지하는 것은 수천만 킬로미터 떨어진 곳에서 자급자족하는 공동체를 유지하는 것과는 전혀 다르다. 국제우주정거장은 필요한 식량, 물, 공기 등 필수 물품을 지구로부터 정기적으로 보급받고 있으며, 사실상 그 연결 고리가 끊긴 적은 없다.

우주 공간으로 화물을 옮기는 비용 역시 우리가 화성이나 달에 구축할 수 있는 거주 공간 유형을 크게 제한할 것이다. 이렇듯, 다른 행성에서 자급자족을 달성하는 일은 믿기 어려울 정도로 복잡한 목표로, 심지어 가장 낙관적인 관점에서조차 아직 갈 길이 멀다. 지구에서는 아무렇지 않게 여겨도 되는 문제들이 다른 행성에서는 엄청난 기술적 어려움으로 작용해 생사에 결정적인 영향을 끼칠 수 있다. 가장 단순한 예로, 지구와 화성 대기 간의 커다란 압력 차이는 거주 공간과 외부 사이의 아주 작은 구멍만으로 심각한 문제를 일으킬 수 있다(예를 들어, 1,000m³ 크기의 거주 공간에 난 지름 1mm의 작은 구멍은 약 80일 만에 전체 인공 대기를 소멸시킬 수 있다).[14] 바이오스피어 2를 비롯해 지난 수십 년간 우주 기관에서 수행된 자급자족 생명 유지 체계 연구는 지구를 벗어난 환경에서 필요한 것이 무엇인지, 그리고 지구와 유사한 환경을 조성하는 것이 얼마나 복잡하고 어려운 것인지 일깨워준다.

⟍ 우주를 파는 상인들

몇 년 전, 앤디 위어(Andy Weir)의 소설 《마션(The Martian)》과 리들리 스콧(Ridley Scott) 감독이 만든 동명의 영화는 화성 임무 중 잘못될 수 있는 여러 모습을 상당히 현실적으로 보여줬다. 하지만 이러한 허구로 구성된 작품은 다른 공상과학 작품들보다는 덜 비현실적이만, 결국 낙관적이며 인간의 창의력과 끈기를 찬양하기 위해 만들어졌다는 점에서는 크게 다를 바 없다. 상업적인 이유로 영화나 소설에서 위험을 다소 과소평가하고 적극적인 모험을 강조하는 것이야 어쩔 수 없다고 해도, 화성 여행을 터무니없이 쉬운 일로 묘사하는 것은 심각한 문제다.

이러한 이유로, 각 정부 우주 기관들이 단기간 내에 유인 화성 탐사에 나설 것이라는 전망도 매우 회의적으로 바라봐야 한다. 이 기관들은 납세자들에게 세금 지출을 납득시켜야 하고, 동시에 큰 사고가 일어나지 않도록 충분한 안전 기준도 확보해야 한다. 1970년대부터 '10년 안에' 인간을 화성에 보내겠다는 이런저런 이야기가 나왔지만, 지금까지 실제로 이뤄진 사례는 없다. 화성 표면에 인간의 첫 발자국을 남기는 데 필요한 경제적 비용이나 노력이 해당 국가의 시급한 우선순위와 조화되기 어렵기 때문이다. 그래서인지 하루빨리 화성 정복을 보고 싶은 사람들은 외부 제약에서 벗어나 좀 더 과감하고 자유로운 민간 우주 회사들과 조직에 큰 기대와 희망을 건다.

미국의 항공우주공학자 로버트 주브린(Robert Zubrin, 1952~)은 이런 대담한 접근 방식에 가장 적극적인 지지자 중 한 명이다. 그는 적어도 30년 동안 화성 유인 탐사 및 식민화와 관련된 다양한 활동을 해왔다. 1990년대 초, 주브린은 화성 탐사 비용과 복잡성을 최소화하는 것을 목표로 '마스 다이렉트(Mars Direct)'라는 계획을 구상했다. 주된 개념은, 지구로의 귀환에 필요한 연료를 화성에서 생산함으로써 우주선을 가볍게 하는 것이다. 그렇게 되면 불필요한 짐을 덜어낸 우주선이 중간 기착지(달이나 국제우주정거장)에 들르지 않고도 직접 지구와 화성 사이를 효율적으로 오갈 수 있게 된다. 임무를 원활히 수행하기 위해서는, 사전에 무인 우주선을 활용해 소형 원자로와 이산화탄소에서 연료를 생산할 수 있는 화학 설비를 옮겨야 한다. 그리고 이 단계가 성공하면, 우주비행사들이 화성에서 생활 공간으로도 사용될 우주선을 타고 떠나는 것이다.

주브린은 이 구상을 NASA에 제안했지만, 전혀 받아들여지지 않았다. 그의 이 구상은 《화성을 위한 주장(The Case for

Mars)》[15]이라는 책에 정리돼, 이후 화성 탐사 애호가들에게 일종의 성경이 됐다. 1998년, 주브린은 화성 탐사를 적은 비용으로 실행할 수 있다는 생각을 행동으로 옮기기 위해 화성협회(Mars Society)라는 기관을 설립하기도 했다. 주브린의 몇몇 이론적 개념은 화성 탐사를 지지하는 많은 이들에게 영향을 미쳤다. 하지만 이들이 화성 탐사를 지나치게 단순화해 문제를 해결하려 한다는 점은 짚고 넘어가야 한다. 예를 들어, 화성협회는 "인간은 생활하는 데 방사선이 필요하고, 화성 여행과 체류 중에 노출되는 방사선은 허용치 이하"[16]라고 주장한다. 또한, 주브린은 저중력이 건강에 미치는 장기적인 영향도 그다지 중요하지 않다고 주장한다. 게다가 "화성에는 여행자들이 음식, 플라스틱, 금속을 제조하고 에너지를 생산할 수 있게 하는 풍부한 자원이 있다. 현대 인간 사회에 필요한 모든 것이 충분히 있으며, 방사선, 태양광, 온도 변화 같은 환경 조건도 인간이 정착하기에 충분히 허용 가능한 범위 안에 있다"[17]라고 주장한다. 이러한 주장은 어느 면으로 보나 지나치게 미화됐다.

어쨌든 다소 불편할 수는 있지만, 화성이 새로운 개척지로서 인간 공동체를 수용하고 결국 새로운 사회를 형성할 준비가 됐다는 이 개념은 대중의 상상력을 자극하며 큰 지지를 얻었다. 단순히 우주 애호가들과 공상과학 작가들뿐만 아니라 버즈 올드린, 로렌스 크라우스(Lawrence Krauss, 1954~), 폴 데이비스

(Paul Davies, 1946~) 같은 전직 우주비행사, 과학자, 대중 과학 저술가들도 화성 식민화 지지 활동에 동참했다. 이들은 화성에 도달하는 최초의 인류가 바로 그곳의 첫 이주민이 될 수 있다고 주장했다. 예를 들어, 올드린은 여러 차례에 걸쳐 화성 여행자들을 메이플라워 호를 타고 북미로 떠났던 청교도 신도들에 비유하면서, 그들이 지구로 돌아오지 않을 생각으로 출발해야 한다고 강조했다. 또한, 폴 데이비스는《뉴욕타임스(The New York Times)》에 기고한 칼럼[18]에서 "사람들은 훨씬 중요하지 않은 활동에도 지속적인 위험을 감수한다"고 하면서, "화성으로의 편도 여행으로 비용을 크게 줄일 수 있다"고 썼다. 크라우스도 같은 신문에 기고한 칼럼[19]에서 "왜 우리가 화성에 간 우주비행사들을 꼭 데려와야 한다고 걱정하는지 의아하다"며, "그들은 영원히 화성에서 머물 수 있다"고 지적했다.

저명한 인사들의 이 같은 발언은 화성 식민화에 대한 신뢰도를 높이는 데 기여했다. 지구 밖에서 새로운 삶을 시작하는 것이 마치 손에 잡힐 듯하고, 강한 의지만 있다면 충분히 가능할 것이라는 믿음을 불어넣은 것이다. 실제로, 지구로의 귀환이 불확실함에도 화성 여행에 많은 이들이 지원했다. 이는 화성을 흥미로운 모험의 땅 정도로 인식하게 만드는 잘못된 정보 때문일 것이다. 조금 더 영악한 이들은 이러한 시대적 흐름을 활용할 기회를 놓치지 않았다. 2012년, 갑작스럽게 등장한

네덜란드 민간 기업 마스 원(Mars One)은 화성으로의 편도 여행을 계획하고 우주선 승무원 지원자를 모집하기도 했다. 마스 원은 우주와 관련된 사업 경험이 없었으며, 당연히 관련 기술도 없는 회사였다. 그럼에도 창업주 바스 란스도르프(Bas Lansdorp)는 스페이스X를 포함한 유력한 우주 기업들과의 협력을 통해 2020년대 초에 화성으로 최초의 이주민들을 보낼 것이라고 공언했다. 이 사업은 개인 출자와 텔레비전 방송권 판매를 통해 자금을 조달할 예정이었으며, 임무의 모든 단계를 촬영하는 리얼리티 쇼도 계획돼 있었다.

마스 원은 애초 20만 명 이상의 참가 신청서를 받았다고 발표했지만, 실제로 신청한 사람은 3,000명 미만이었다는 사실이 나중에 밝혀졌다. 그렇기는 해도 이는 여전히 무시할 수 없는 숫자다. 계획의 성격과 내용의 구체성이 현저히 부족했다는 점을 고려하면 뜻밖의 결과다. 2015년, 100명(여성과 남성 절반씩 선발)이 마지막 단계에 진출했으며, 이들은 '운 좋은' 화성 여행객으로 선발될 예정이었다. 일부 선발된 후보자들의 인터뷰에 따르면, 화성으로 떠나는 데 필요한 능력 중 하나는 순진함과 임무를 수행할 준비가 전혀 돼 있지 않은 자질이었다고 한다. 실제로, 예비 승무원들에게 던진 질문 중 하나는 "왜 화성에서 죽고 싶은가?"였는데,[20] 그들이 염두에 둔 후보자들의 자질을 고려하면 이 질문이 부당하다고 볼 수 없다.

바스 란스도르프의 화성 계획은 전문가들 사이에서 경제적, 기술적 신뢰성이 부족하다는 비판을 받았다. 심지어 마스 원 기술 자문위원회 위원으로 열정적으로 활동했던 로버트 주브린조차도 제안의 현실 가능성에 대해 의구심을 표명했다. 더 심각한 점은, 2015년에 선발된 100명 중 1명이였던 천체물리학자 조셉 로체(Joseph Roche)가 마스 원 계획이 정교한 사기라고 공개적으로 비난했다는 사실이다.[21] 그는 최종 후보자들이 신체 및 심리 검사 없이 10분간의 스카이프 대화만을 통해, 그리고 일부는 돈을 내고 선발됐다고 주장했다. 또한, 그들에게 언론 출연으로 얻은 수익금의 일부를 마스 원에 기부하도록 요구했으며, 기부금의 규모가 최종 여행에 참여할 수 있는 적격자 10명의 후보를 선정하는 데 결정적인 역할을 했다고 폭로했다. 이들 중에는 화성에서 최초의 초밥집을 열고 싶어 했던 50대 일본 여성, 29세의 호주 코미디언, 그리고 '즐거움을 사랑하고 지루함을 잘 견디지 못한다'고 자신을 소개한 30대 스위스 남성이 포함돼 있었다.[22]

그러나 불행히도 화성 정착지로 향했던 그들의 꿈은 현실의 벽에 막혀 좌절됐다. 정확히 이 꿈이 좌절된 시점을 꼽자면, 2015년 MIT에서 마스 원 계획이 실현 불가능하다고 발표했을 때였다.[23] 제시된 여러 근거 중 특히 우주비행사들이 화성 도착 후 68일 만에 질식할 것[24]이라는 치명적인 예측은 우주 탐사에 문외한들에게도 설득력 있게 들렸다. 이후 공개 토론 과정에서 란스도르프는 자신들의 계획이 '대부분 허구'였음을 인정해야 했다.[25]

마스 원이 기부금, 자금 모금, 홍보용 상품 판매 등을 통해 얼마나 많은 돈을 모았는지 정확히 파악하기는 어렵지만, 추정치는 100만 달러 정도다. 이 금액은 화성에 인간을 보내기에는 턱없이 부족하지만, 단 4명의 직원을 둔 조직이 이룬 것 치고는 나쁘지 않은 수입이다. 그들이 만든 유일한 구체적인 결과물은 웹사이트[26]와 상당량의 홍보 자료뿐이었다. 결국, 마스 원은 2019년 파산을 선언하고 영구적으로 청산됐다.

인스피레이션 마스(Inspiration Mars) 역시 비슷한 운명을 맞이했지만, 마스 원과 비교해 덜 논란이 됐다. 이 재단은 미국의 억만장자 데니스 티토(Dennis Tito)가 설립했는데, 그는 2001년 2,000만 달러에 달하는 큰 비용을 내고 우주여행을 한 최초의 민간인으로 유명하다. 그는 우주정거장에 도킹해 일주일간 지구 저궤도를 돌았다. 2013년, 데니스 티토는 화성을 한 바퀴 도는 우주여행 계획을 세우며 자금 모집에 나섰다. 이 여행은 2018년에 출발해 총 1년 반 동안 진행될 예정이었다. 티토는 대중의 관심을 끌기 위해 부부가 승무원으로 참여하는 방안을 검토했다. 비록 이 계획은 실현되지 못했지만, 실행됐더라면 분명히 대중의 호기심을 자극하기에 충분했을 것이다.

사람들은 화성을 종종 현대판 '거친 서부'로 묘사하기도 하지만, 지금까지 이 둘 사이에 비슷한 점이라고는 황량한 배경 아래 펼쳐지는 무모하고 뻔뻔한 사람들의 경제적 이권 다툼 말고는 아무것도 보이지 않는다. 화성이라는 새로운 개척지에는 아직 실질적인 성과가 없다. 물론, 거기에는 일론 머스크도 포함된다.

╲ 화성행 '편도' 탑승권

일론 머스크가 로켓과 화성에 강한 열정을 가졌다는 사실은 비밀이 아니다. 2002년, 그는 자신이 공동 창립한 디지털 결제 회사 페이팔(PayPal) 주식을 매각한 후, 그 수익 중 1억 달러를 재투자해 스페이스 익스플로레이션 테크놀로지스 코퍼레이션(Space Exploration Technologies Corporation), 더 널리 알려진 이름 스페이스X(SpaceX)를 설립했다. 처음부터 이 새로운 회사의 명시된 목표는 로켓 개발에 집중하고 우주 운송 비용을 줄임으로써, 장기적으로 화성에 영구적이고 자급자족하는 정착지를 세우는 것이었다.

당시만 해도 머스크가 우주 비행 분야에서 경험이 전혀 없었으므로, 그의 계획은 허무맹랑한 것으로 취급됐다. 하지만 불과 6년 후, 스페이스X는 팰컨 1(Falcon 1, 스타워즈의 밀레니엄 팰컨을 기리며 붙여진 이름)을 지구 저궤도에 올리며 액체 추진 로켓을 발사한 사상 첫 민간 회사가 됐다. 이후 머스크의 회사는 여러 성과를 이뤄냈는데, 여기에는 사람과 화물을 지구 저궤도 및 국제우주정거장으로 실어나를 수 있는 재사용 가능한 우주선 드래곤(Dragon), 수직 착륙이 가능한 최초의 재사용 로켓(팰컨 9), 그리고 지금까지 가장 강력한 로켓 팰컨 헤비(Falcon Heavy) 개발 등이 포함된다. 한편, 머스크는 테슬라 모터스(Tesla Motors)를 인수해 전기 자동차 업계의 선두주자로 이끌었을 뿐 아니라, 오늘날 세계에서 가장 부유한 사람이 됐다.

일론 머스크가 기업가로서 자신의 역할을 잘 이해하고, 또 인상적인 성공을 거뒀다는 사실은 의심의 여지가 없다. 하지만 "인류를 다행성 종으로 만들 것"이며, "화성에서부터 시작할 것"이라는 그의 야심 찬 화성 계획은 어떻게 봐야 할까?

머스크는 2007년부터 수많은 인터뷰와 공개 성명을 통해 화성을 정착지로 만들겠다는 포부를 밝혀왔다. 하지만 기술적 측면에서 구체적인 계획을 찾으려면, 2016년 9월에 열린 제67회 국제우주대회(IAC)에서 발표한 기록문을 찾아봐야 한다.[27] 머스크의 구상을 처음 접하면 폰 브라운이 꿈꿨던 화성 탐사 구상이 초라해 보일 정도다. 그의 계획은 단순히 인간을 화성에 보내고 다시 지구로 돌아오게 하는 것이 아니라, 화성에 진정한 의미의 문명을 세우는 것이다.

머스크의 목표에 따르면, 자급자족하는 정착지는 약 100만 명의 인구 수준을 유지한다. 폰 브라운의《화성 프로젝트》에서 제안된 것처럼, 재사용 가능한 우주선을 활용해 운송 비용을 획기적으로 절감한다고 해도 이 사업의 규모는 엄청나다. 지구 표면에서 발사된 우주선은 지구 저궤도에서 추가 자원을 적재해 발사 창이 열리는 2년마다 출발한다. 계산해보면, 각 우주선이 100명의 승객을 수송할 수 있다고 가정하고 100년 동안 약 1만 번 운행했을 때(최소 1,000대의 우주선이 필요하다) 머스크의 목표가 달성될 수 있다.

머스크의 계획이 왜 이렇게 원대한지 궁금해할 수 있다. 몇 명의 사람들만 보내는 간단한 임무보다 왜 이렇게 대규모 인원을 이주시키는 복잡한 계획을 세웠을까? 이유는 간단하다. 그의 구상은 과학적이거나 공학적인 계획이 아니라 경제적 전략이기 때문이다. 실제로 그에게는 우주여행에서 겪는 문제와 화성 내 생존에 필요한 엄청난 어려움을 어떻게 해결해야 하는지에 관한 구체적인 방안이 없다. 머스크에게는 사업의 재정적 지속 가능성을 확보하는 것이 유일한 관심사다. 머스크는 화성행 탑승권 가격이 저렴해지면 더 많은 사람들이 우주선 탑승을 희망할 것이라고 예상한다. 따라서 탑승권 가격을 떨어뜨리는 데 기술적 역량을 집중하는 것이 유리하다. 즉, 스페이스

X가 화성 정착지에서의 생존보다 우주선에 관심이 많은 이유다.

현재 화성 여행에 필요한 비용은 사실상 무한대에 가깝다. 이 세상에서 가장 부유한 사람이라도 갈 수 없다. 그 이유는 정치적 우선순위에서 밀린 탓도 있지만 기술적 기반이 부족하기 때문이다. 그러나 굳이 화성에 사람을 보내고자 한다면, 인간을 달에 보냈던 방법을 활용했을 때를 기준으로 한 사람당 수십억 달러에 이르는 비용이 발생할 것이다. 이는 거의 모든 사람에게 접근 불가능한 금액으로, 극소수의 초부유층만이 감당할 수 있을 것이다. 따라서 머스크는 승객 1명당 여행 비용을 20만 달러 수준으로 떨어뜨리려고 한다.(세계에서 가장 부유한 사람에게는 사소한 금액이다). 머스크의 생각대로 된다면 대안적인 거주지로서 화성은 거의 확실히, 그리고 자연스럽게 모든 사람이 가고 싶어 하는 곳이 될 수 있다. 모두가 아니더라도 원하는 이들(적어도 상당수)은 금전적으로 감당할 수 있는 수준이 된다. 인류 중 소수만이 화성으로 이주하고자 해도 그 인원은 실제로 상당히 많을 것이다. 이들만으로도 화성에 자립적인 정착지를 충분히 만들 수 있다는 계산이 선다.

즉, 머스크가 고민하는 문제는 단순히 규모의 경제다. 생산을 늘리고 충분한 수의 사람들을 참여하도록 설득해 제품이나 서비스 비용을 줄이는 것이다. 이미 확인했듯이, 우주 비행 비용을 줄이고자 하는 기본 개념은 우주선을 여러 번 사용하는 것과 연결된다. 여객기와 비교했을 때, 수천만 달러가 드는 여객기가 단 한 번만 사용된다면 각각의 승객이 부담해야 하는 탑승권 가격은 수십만 달러에 이를 것이다. 이런 논리로 보면, 화성으로 가는 우주선이 여러 번 사용된다면 일반인들도 (집을 팔거나 수십 년 동안 융자를 받아야 할지라도) 여행 비용을 감당할 수 있게 된다. 머스크의 또 다른 비용 절감 전략은 화성에서 귀환에 필요한 연료인 메탄과 산소를 현지에서 생산하는 것이다. 이론적으로, 이산화탄소와 얼음을 활용한다면 화성에서 메탄과 산소를 생산할 수 있다. 또한, 스페이스X가 위성 발사, 우주 정거장으로의 화물 및 인력 운송 등으로 얻은 수익은 화성 계획에 재투자돼, 그 계획이 자립할 수 있을 때까지 자금으로 투입된다.

결국, 머스크가 당장 염두에 둔 것은 화성으로의 저비용 운송 기반('행성 간 운송 체계Interplanetary Transport System'이라고도 함)을 구축하는 것이다. 이 모든 계획은 거대한 로켓 개발을 중심으로 돌아간다. 로켓은 처음에는 BFR(빅 팰컨 로켓Big Falcon Rocket, 농담처럼 'Big Fucking Rocket'으로 불리기도 했다)로 불리다가 나중에는 간단히 '스타십(Starship)'으로 개명됐다. 스타십은 재사용 가능하며 두 부분으로 나뉘어 구성된다. '슈퍼 헤비(Super Heavy)'라고 불리는 발사체와 실제 우주선이 그것이다. 슈퍼 헤비는 120미터가 넘고 아폴로 탐사 당시 쓰였던 새턴 V보다 조금 더 크다. 우주선은 길이만 약 50미터에 이르며 최대 승객 100명이 탑승할 수 있다. 현재까지 스타십 계획에는 장기간의 우주 비행 중 일어날 수 있는 방사선 노출이나 무중력 상태를 해결할 실질적인 안전장치들이 빠져 있다.

일론 머스크 본인도 인정했듯이, 스타십 계획의 시간표는 상당히 모호하고 불확실하다. 그는 2016년의 연설에서 2022년에 무인 우주선을 화성에 보내고, 2024년에 첫 번째 우주인들을 보낼 준비를 마치겠다고 밝혔다. 그러나 실제로는 그렇게 진행되지 않았다. 지금까지 스타십 우주선은 대략 10킬로미터 높이까지 시험 비행만 수행했으며, 슈퍼 헤비는 아직 지상에서 이륙조차 못했다. 스페이스X는 2022년 말까지 지구 저궤도 비행을 수행하고, 2024년에 무인 화성 임무를 완료한 후, 2030년경에 첫 우주인을 화성에 보내겠다고 공언했으나, 이 일정이 지켜질지 심각한 의문이 제기된다.[28] 추가로, 스타십은 2025년경에 다시 인간을 달에 보내는 NASA의 아르테미스(Artemis) 계획의 핵심으로 참여하고 있으나, 이 계획 역시 예정된 일정을 지키기 어려울 것으로 보인다(이와 관련해 스페이스X는 수백만 달러 규모의 계약을 체결했다).

그렇다면 처음의 질문으로 돌아가 머스크의 화성 정착 계획을 어떻게 봐야 할까? 머스크의 기업가로서 자질은 여전히 의심의 여지가 없고, 2002년 그가 말한 대로 "카펫과 마리아치 밴드"로 작게 시작했던 스페이스X는 오늘날 가장 크고 선도적인 민간 우주 회사로 성장했다. 그러나 머스크의 구상에는 사람들을 화성에 보내는 방법만 있을 뿐, 그 외 모든 것이 빠져 있다. 스페이스X가 (이론상) 경제적으로 접근 가능한 화성행 항공편을 제공하게 된다고 해도, 화성에 정착하기 전에 해결해야 할 현실적인 문제들이 산적하다. 그리고 적어도 현재로서는 방사선 차단, 식수와 식량 확보, 공기 공급, 저중력 적응, 원료 추출, 에너지 생산 등 문제에 관한 접근 가능한 해결책이 없다.

또한, 화성 환경이 일으킬 수 있는 잠재적 문제들은 실제 장기 정착이 이뤄진다면 더욱 커질 것이다. 일시적인 영향뿐 아니라 장기적인 영향도 검토해야 하는데, 지구 저궤도에서 전혀 연구된 적이 없다. 저중력과 방사선에 의한 피해가 누적될 가능성이 크고, 이주민들은 화성에 도착한 지 얼마 되지 않아 심각한 건강 문제에 처할 수 있다. 저중력 상태에서 임신과 출산을 할 수 있을지도 의문이 있고, 특히 임신 중 방사선은 훨씬 더 위험하다. 화성 정착민들이 종을 확산할 방법을 찾는 것은 또 다른 문제다.

일론 머스크의 구상에는 화성 내 생존, 위험 완화, 행성 간 이주에 대한 경제적, 사회적 동기 등이 전혀 검토되지 않았거나 제삼자에게 맡겨져 있다. 그의 계획은, 결국 인류(또는 그 일부)가 지구를 떠나 불모의 화성으로 영구적으로 이주할 운명에 처해 있으며, 기술적으로 가능해지는 대로 수천 명의 사람들이 줄을 설 것이라는 가정에 근거해 있다. 그러나 이 가정이 옳은지는 증명되지 않았다. 마스 원의 사례에서 보듯이, 어리석은 일에도 충분한 수의 헛된 꿈에 사로잡힌 사람들(또는 경솔한 이들)이 동참한다는 사실은 부인할 수 없다. 하지만 스페이스X가 그들의 행성 간 운송 체계를 마침내 구축한다고 해도, 계획대로 우주선이 탑승객으로 채워지지 않거나, 더 나쁜 경우 집단 자살로 끝나지 않으리라는 보장은 그 어디에도 없다. 화성행 우주선에 탑승할 사람에 관해 물었을 때, 머스크는 이렇게 답했다. "죽을 준비 됐나요? 그렇다면 당신은 좋은 후보자입니다."[29] 자신도 화성에서 죽을 의향이 있는지 물었을 때, 그는 농담처럼 이렇게 답했다. "화성에서 죽고 싶습니다. 물론, 충돌로 죽겠다는 건 아니고."[30]

머스크는 훌륭한 사업가답게 우리가 미처 몰랐던 필요성을 만들어내려고 애쓰고 있다. 실시간 우주 발사 중계, 화려한 컴퓨터 그래픽 영상, 동기를 불어넣는 연설을 통해 세계의 나머지를 설득하려고 한다. 화성이 새로운 개척지이며, 그곳을 식민화하는 것이 우리 종의 생존에 필수적이고, 이를 수행하는 것이 인류 역사상 가장 위대한 모험이 될 것이라고 믿게끔 한다. 그리고 그는 아마도 정말 그렇게 믿고 있는 듯하다. 머스크는 의심의 여지 없이 진지하다. 문제는 그를 진지하게 받아들이는 것이 도움이 되는지 여부다.

\ 테라포밍, 푸른 화성이 될 수 있을까?

2019년 8월 중순 어느 날, 일론 머스크는 B급 영화에 등장하는 악당이 내릴 법한 명령과 유사한 트윗을 게시했다. "Nuke Mars(화성을 핵으로 공격하자)!" 단지 8개의 알파벳(느낌표 포함)으로 이뤄졌을 뿐이지만, 분명히 일론 머스크는 핵무기로 화성을 폭격하자는 의도를 드러냈다. 그는 이미 몇 년 전, 스티븐 콜베어(Stephen Colbert)의 심야 토크쇼 〈레이트 쇼(Late Show)〉에 출연해 이 같은 의도를 조금 더 자세히 피력한 적이 있다.[31] 그는 방송에 출연해 원자폭탄으로 화성 극지의 얼음을 녹여 이산화탄소와 수증기를 만들어낼 수 있을 거라는 취지로 발언했다. 만약 그의 말대로 된다면 이 두 가스는 강력한 온실가스로 작용해 화성의 온도를 상승시키고, 결과적으로 미래의 인간 정착지에 더 살기 좋은 환경을 '짜잔' 하고 만들어줄 것이다.

　머스크의 이 이야기는 수십 년 동안 공상과학과 우주를 좋아하는 이들을 매혹해온 개념, 즉 '테라포밍(Terraforming)'이라는 개념의 간단하고 접근하기 쉬운 형태라고 할 수 있다. 테라포밍은 의도적으로 전체 행성의 환경을 변화시켜 지구와 유사하게 만들고, 인간 생존에 적합하게 하는 작업을 말한다. 우주 시대 초기부터 이 개념은 여러 과학 연구에서 탐구됐다. 특히 유명한 천체물리학자이자 과학 커뮤니케이터로서 높은 인지도를 가진 칼 세이건(Carl Edward Sagan, 1934~1996)은 이 분야의 선구자로 손꼽혔다. 그는 1961년 저명 학술지《사이언스(Science)》에 금성에서 인간이 살아가는 데 필요한 이론적 측면을 모색하는 논문을 발표했다.[32] 또한, 10년 후에 마찬가지로 화성에 관해 유사한 연구를 진행했다.[33]

화성을 테라포밍할 수 있다면, 우리는 그곳을 물과 식물로 가득 찬 풍요로운 세계로 만들 수 있을 것이다. 숨 쉴 수 있는 대기와 온화한 기온이 조성돼 우주복, 밀폐된 거주지, 지하 보호소가 더는 필요 없게 된다. 식민지 정착민들은 화성 땅을 자유롭게 돌아다니며, 그곳의 바다에서 수영하고, 햇볕을 쬐며, 농작물을 기르고, 가축을 키울 수 있다. 아마도 그들의 생활은 지구에서의 생활과 매우 유사하거나 오히려 더 나을 수 있다. 이러한 꿈같은 청사진은 수십 년에 걸쳐 화성 식민화 지지자들의 믿는 구석 중 하나였다. 이러한 청사진은 킴 스탠리 로빈슨(Kim Stanley Robinson)의 '화성 3부작(Mars trilogy)'과 같은 판타지 작품이나 게임에 영감을 주기도 했다. 그러나 현실적으로 이 개념은 얼마나 타당할까?

이 질문에 답하기 위해서는 다른 질문을 던져보는 것이

도움이 된다. 왜 화성의 환경은 지구와 매우 다를까? 지난 수십 년 동안 우리는 지금의 화성이 늘 이렇지 않았다는 사실을 알게 됐다. 두 행성의 역사를 되돌려 보면, 원래는 상당히 비슷했을 것으로 추정된다. 수십억 년 전, 화성은 더 두꺼운 대기와 액체 상태의 물이 있는 강과 바다가 있었으며, 화산 활동이 활발하게 일어나고 있었고, 온화한 기후를 유지했을 것이다. 그리고 아마도 자기장을 띠고 있었을 것이다. 그렇다면 무엇이 잘못됐을까?

아주 간략하게 설명하자면, 오늘날 화성의 (적어도 인간의 기준에서) 암울한 상황 대부분은 지구와 비교해 상대적으로 그 작은 크기 때문에 일어났다. 화성은 빠르게 내부 열을 잃었고, 그 결과로 자기장이 사라지고 화산 활동이 중단됐다. 이로 인해 태양풍으로부터 보호해줄 방어막이 사라졌으며, 또한 내부에서 새로운 가스가 방출되지 않는 행성으로 급격히 방치됐다. 이는 화성의 약한 표면 중력과 함께 초기에 존재했던 대기와 물의 대부분이 우주로 흩어지고, 기온이 급격히 떨어지게 된 주요 원인이 됐다.

이론적 측면에서, 화성을 다시 거주 가능한 행성으로 만드는 과정은 단순해 보일 수 있다. 즉, 대기에 온실가스를 공급함으로써 표면의 압력과 온도를 높이고, 토양과 극지의 얼음을 녹여 상황을 뒤바꿀 수 있다는 것이다. 그러면 (숨쉬기는 어려울지라도) 더 조밀한 대기와 풍부한 물이 만들어지게 될 것이며, 식물을 비롯한 광합성 생물체들을 도입해 산소를 내뿜게 함으로써 인간이 살 수 있는 환경을 만들 수 있다는 각본이다. 이렇게 설명하면 너무나도 쉬워 보여서, 왜 우리가 이미 태양계에 두 번째 푸른 행성을 갖고 있지 않은지 의문이 들기도 한다.

하지만 먼저 '원자폭탄'이라는 선택지는 제외해야 한다. 일론 머스크의 주장은 뒤로하고, 간단한 계산만으로도 이 상상력이 얼마나 무모한지 알 수 있다. 화성의 극지 얼음을 부분적으로 녹이려면 수천 개의 고출력 핵탄두를 며칠에 걸쳐 폭발시켜야 하는데, 이는 오늘날 전 세계 비축량보다 많은 핵무기가 필요하다. 어쨌든, 이 방법은 화성 내 방사능 문제를 더욱 악화시킬 뿐만 아니라, 원하는 효과와 정반대의 결과를 초래할 위험이 있다. 이를테면, 폭발로 인해 방출된 막대한 양의 먼지가 수년 동안 태양 빛을 가려 화성을 더욱 냉각시키는 결과를 가져올 수 있다(이는 '핵겨울'이라는 용어로, 핵전쟁 후 상황에서 자주 언급된다).

로버트 주브린이 제안한 개념, 즉 수백 킬로미터에 달하는 거대한 궤도 거울(Orbital mirror)을 활용해 극지의 얼음을 녹이자는 발상도 터무니없다.[34] 이론적으로 가능할지 몰라도, 실제로 거울을 우주에서 조립하고 화성 궤도로 옮기는 것은 현재의 기술로는 도저히 감당할 수 없다. 아마도 앞으로 수십 년간은 불가능할 것이다. 그런데 행성공학(Planetary engineering)에 관심 있는 사람들에게 더 안 좋은 소식이 있다. 설사 어떻게든 극지의 이산화탄소를 모두 증발시킬 수 있다고 해도, 그게 별 도움이 되지 않는다. 현재 기술로는 대기압을 최대 2배까지만 늘릴 수 있을 뿐, 토양에 매장된 이산화탄소 양은 온도를 충분히 올려 '눈덩이 효과(Snowball effect)'를 일으키기에 턱없이 부족하다. 최근 로봇 탐사차가 수집한 자료 분석에 따르면, 화성 토양에는 대기로 방출하더라도 유의미한 온실효과를 일으킬 만큼의 이산화탄소가 충분히 매장돼 있지 않다. 심지어 이 과정은 수만 년이 걸릴 것이다.[35]

이에 굴하지 않는 사람들은 화성 심층에서 이산화탄소를 추출하는 방법을 떠올리기도 한다. 그러나 (전혀 확실치 않지만) 화성 지하에 탄소가 풍부한 광물이 존재한다고 가정하더라도, 이 광물을 채굴하고 필요한 만큼의 이산화탄소를 얻는 데 필요한 노력은 상상을 초월할 것이다. 행성의 표면에서 수백 미터 깊이까지 파내야 한다. 그리고 당연히 광물을 처리해야 이산화탄소를 추출할 수 있는데, 예를 들어 섭씨 300도 이상의 온도로 가열해야 하는 등 막대한 양의 에너지가 필요할 것이다.

결국, 화성의 온도를 몇 도 올리는 것조차 우리가 가진 수단으로는 이론상으로도 실현하기 어렵다. 만약 화성에서 구할 수 있는 자원만을 사용한다면 더더욱 그렇다. 대안을 상상할 수는 있다. 예를 들어, 필요한 이산화탄소를 지구에서 가져다 쓰거나, 오존층 감소의 원인으로 지구에서 사용 금지된 염화불화탄소(CFC)와 같은 더 강력한 온실가스를 배출할 수 있는 발전소를 건설하는 등의 방법이 있다. 하지만 이러한 각본들이 가까운 미래에 실현될 가능성은 전혀 없다.

화성을 지구처럼 만들려는 시도는 현재로서는 공상과학의 범주에 머물러 있다. 머스크가 제시한 투박한 계획뿐만 아니라, 더 과학적이고 체계적인 접근도 마찬가지다. 화성을 따뜻하게 만드는 일은 원하는 변화의 아주 작은 부분에 불과하다. 더 조밀해진 대기로 인해 기온을 올릴 수 있고 일부 지구 생물이 적응할 수도 있겠지만, 그런 대기는 인간에게는 독이다. 지구의 대기는 약 20퍼센트의 산소와 70퍼센트 이상의 질소를 포함하고 있는데, 이 두 성분은 생물권과 인간에게 필수적인 요소다. 화성에 이와 비슷한 가스를 공급하는 방법으로는, 식물의 광합성 활동부터 태양계 외곽 지역에서 벗어난 혜성 수천 개와의 인위적인 충돌에 이르기까지, 기발한 가설이 다양하게 존재한다. 하지만 적절한 가스 농도를 얻는다고 해도, 이 가스를 충분히 오랫동안 화성에 붙잡아두는 것은 다른 문제다. 또 현재의 화성 조건에서 지구와 유사한 대기 구성을 이룰 수 있을지도 전혀 분명하지 않다. 참고로, 화성은 지구보다 태양으로부터 더 적은 에너지를 받고, 표면 중력도 더 약하다.

최선의 상황을 가정해 엄청난 경제적 자원과 놀라운 기술이 동원된다 해도 호흡 가능한 대기를 만드는 데는 수십만 년이 걸릴 것이다.[36] 또한, 화성에 자기장과 화산 활동이 없는 탓에 어렵게 만들어낸 대기도 초기 화성이 그랬던 것처럼 비슷한 방식으로 사라지게 될 것이다. 그렇지 않으려면 인위적으로 끊임없이 보충해야 한다.

결론적으로, 화성의 테라포밍은 머스크가 제시한 간단한 형태뿐만 아니라 정교하고 과학적으로 엄격한 형태에서조차 공상과학적인 꿈에 불과하다. 화성을 지구와 같게 만드는 목표는 현재로서는 달성할 수 없는 꿈이며, 아마도 영원히 그럴 것이다.

그러나 특별히 그 상상력을 너그럽게 받아들인다고 해도, 화성 테라포밍 지지자들에게 던져야 할 최소한 2가지 질문이 있다. 만약 우리가 화성의 기후와 환경을 마음대로 바꿀 능력이 있다면 지구에서 그렇게 하는 편이 훨씬 더 간단하지 않을까? 그리고 화성을 인간이 거주할 수 있는 곳으로 만들 수 있다 해도, 그렇게 할 권리는 누가 우리에게 줬을까?

＼ 간과할 수 없는 화성 생물체

여기에 더해, 매우 중요하지만 간과되는 요인이 있다. 바로 화성에 이미 생명체가 존재하고 있을 가능성이다. 20세기 초 과학 소설에 등장하는 녹색 외계인이 화성에 수로를 건설했다거나, 지구를 향해 우주선을 보냈다는 식의 이야기는 아니다. 그보다 훨씬 단순하지만 그렇다고 그 중요성까지 간과될 수 없는 생물체 박테리아다.

화성의 초기 조건이 지구와 크게 다르지 않았다는 사실을 인정한다면, 그곳에도 생명체가 비슷한 시기에 발생했을 수 있다는 가설도 충분히 제기될 수 있다. 화성의 환경 조건이 나빠지면서 생명체들이 멸종했을 가능성이 있지만, 다른 방식으로 적응하고 생존하는 법을 찾았을 수도 있다. 물론, 화성에서는 상대적으로 짧은 시간 동안만 생존 가능했으므로 복잡한 생명체를 만들어내기에 진화적 시간이 여의치 않았을 것이다. 따라서 만약 존재한다면 화성에 남아 있는 어떠한 생명도 극한 조건에서 생존할 수 있는 단세포 생물체, 예를 들어 남극의 영구 동토층에서나 살 수 있는 지구의 박테리아와 비슷한 모습일 것이다.

화성의 미생물 존재를 밝히기 위한 주요한 시도가 지난 1970년대 NASA의 바이킹(Viking) 탐사선에 의해 이뤄졌지만, 이렇다 할 결론은 없었다. 앞으로 로봇 탐사차들이 이 문제에 대해 더 명확한 답을 얻기 위해 다시 조사에 나설 계획이다. 화성에 생명이 존재하거나 존재했다가 멸종했다는 단서를 발견한다면, 이는 생명의 출현이 우리 행성에 한정된 현상이 아니라는 명백한 증거가 될 것이다. 또한, 우주에 더 많은 다른 생명체 거주 가능 행성들이 존재할 거라는 확신으로 이어지게 될 것이다.

화성 '토착' 생명체가 존재할 가능성을 두고 제기되는 이러한 열린 질문은 화성 식민화 문제에 또 다른 복잡성을 더한다. 한편으로, 지구 생물체들을 통제 없이 화성으로 보내는 것이 화성 생명체 연구를 훨씬 더 복잡하게 할 수도 있다(불가능하게 만들 수도 있다). 왜냐면, 그 순간 이후부터 지구로부터 '유입된' 생명체와 이미 화성에 존재하는 생명을 구분할 수 없게 되기 때문이다. 또한, 화성에 아주 단순한 미생물이 존재한다 해도, 현지 생태계와 지구 생태계 사이의 접촉은 관리하기 매우 어려운 문제가 될 것이다.

먼저, 화성의 미생물이 인간에게 어떤 위협을 줄 수 있는지부터 걱정해야 한다. 실제로 아폴로 임무가 진행된 초기 우주 탐사 당시부터 외계 병원체에 의한 감염 가능성을 매우 심각하게 받아들였고, 우주 탐사에서 돌아온 우주인들을 위한 안전 규약에 따라 적절한 격리 조치가 이뤄졌다. 사실, 화성에 생명체가 지구와 달리 독립적으로 출현하고 진화했다면, 병원균이 인간 건강에 위험을 초래할 가능성은 매우 낮거나 거의 없을 것이다.* 하지만 불장난도 실행하기 전에 상황을 제대로 알고 있는 것이 좋다.

그런데, 정확히 그 반대의 문제도 있다. 우리의 어떤 행동은, 의도적이든 그렇지 않든 화성의 환경에 영향을 미친다. 그 영향이 최악이라면 화성의 생명을 완전히 소멸시킬 만큼 재앙적일 수 있다. 이러한 일이 발생한다면, 그 손실은 헤아릴 수 없게 된다. 인류는 이미 의도적이든 아니든 지구의 수많은 종의 멸종을 일으킨 전력이 있다. 우주 내 유일한 다른 생명체에 해를 입히거나 심지어 멸종을 일으키는 행위는 용서받을 수 없는 일이 될 것이다.

이러한 문제들은 수십 년 동안 전문가 사이에서 논의돼왔다. 이미 우주 기관들은 다른 행성을 탐험하는 동안 지구 생물체에 의한 오염을 피하기 위해 '행성 보호' 규약을 만들었다. 화성 탐사선들은 우주 공간을 여행하는 동안 지구의 가장 강인한 미생물조차 살아남을 수 없도록 매우 철저하게 멸균 처리된다. 그러나 인간은 멸균할 수 없다. 이미 우리 각자는 엄청난 수의 박테리아(예를 들어, 소화기관이나 피부에 사는 박테리아)를 몸에

- **지구상의 생명체들과 화성의 생명체들이 서로 다른 환경에서 진화했다면, 화성의 생명체들이 인간에게 병원균으로 작용할 확률은 매우 낮다.** 서로 다른 진화 과정은 다른 생존 방식과 생물학적 특성을 낳기 때문에, 화성 생명체가 인간에게 병을 일으키거나 해를 끼칠 가능성은 극히 제한적이다.

지니고 있다. 이 박테리아들은 통제를 벗어나 화성 환경에 퍼질 수 있다. 만약 우리가 화성 표면에 영구 기지를 설립하게 된다면, 모든 예방 조치를 한다고 하더라도 우리 신체 내 미생물이 다른 행성의 생명의 흐름을 바꿀 수 있으며, 그러한 교란의 책임을 져야 할 것이다.

그러나 이 책임은 화성 식민화를 지지하는 사람들에 의해 저평가되거나 아예 무시된다. 주브린, 머스크를 포함한 그들은 화성이 거의 확실히 불모의 행성이라고 주장한다. 설령 그렇지 않다고 해도, 생명체는 깊은 지하에 갇혀 있거나, 어쨌든 강한 방사선으로 인해 표면에서 멀리 떨어져 있을 가능성이 크다고 말한다. 따라서 인류의 필요에 따라 화성 표면을 자유롭게 사용해도 된다는 것이다. 즉, 몇몇에 불과한 미생물의 존재가 화성 식민화 계획에 걸림돌이 될 수 없다는 뜻이다.

이에 관해 과학계는 다른 의견을 낸다. 화성 탐사가 비침략적 방식으로 이뤄지고 되돌릴 수 없는 결과를 초래하지 않도록 해야 한다고 지적한다.[37] 앞서 말했듯이, 화성에 생명이 있는지 그 여부는 아직 알 수 없다. 그 답을 알게 된다면 엄청난 과학적 성과가 될 것이다. 그 사이에, 우리는 그 가능성을 해치지 않도록 화성 환경을 보호하는 데 모든 노력을 다해야 한다. 우리 종이 과거에 여러 번 저질렀던 실수를 반복하지 않을 기회가 여전히 남아 있다. 만약 화성에 생명이 존재한다면, 그것이 아무리 미생물 형태라 할지라도, 화성 식민지 건설이라는 이미 불가능하고 의심스러운 의도를 포기해야 한다.

우리가 화성으로 떠날 수 없는 이유

그렇다면 화성은 먼 훗날 인류에게 제2의 고향이 될 수 있을까? 다른 문제와 마찬가지로, 이 질문의 답도 단순히 '예' 혹은 '아니오'로 할 수 없고 조금 복잡하다. 하지만 수십 년 안에 새롭고 더 큰 화성 정착지로 이주할 가능성은 낮다. 사실, 아폴로 탐사선을 타고 우주인들이 1970년대 말에 했던 달 탐사 임무처럼, 화성에 단기간 체류할 가능성조차도 현재로서는 희박하다. 극복해야 할 난관만 해도 엄청나고, 아직 대부분 해결책이 없다. 종종 "이미 화성에 발자국을 남길 아이는 태어났다"는 말을 하곤 하지만, 개인적으로 적어도 40년 동안 그 말을 반복해서 들어왔다. 새로운 세대를 위한 격려의 의미를 빼면, 그런 말들은 사실상 별 의미가 없다.

불확실한 미래를 예측한다는 건 어렵다. 몇 년 안에 불가능하던 일이 수백 년 후라면 가능해질 수도 있다. 하지만 어느 시점을 상상하든, 간단한 사실 하나만큼은 기억해야 한다. 현재의 화성은 지구의 대체재가 될 수 없다. 겉보기에는 그렇지 않을 수 있지만, 화성의 환경은 달만큼이나 적대적이다. 게다가 달과 비교해도 화성에 정착했을 때 얻는 이점이 거의 없다. 달은 그나마 더 쉽게 갈 수 있다. 냉정하게 말해서, (과학자와 전문가를 포함한) 사람들은 왜 지구를 떠나 화성에 가서 살아야 하는지 타당한 근거를 단 하나도 제시하지 못한다. 여러 불가능한 과정을 긍정적으로 이해한다고 하더라도, 화성으로의 이주는 위험하고 긴 여행을 감수한 후 목숨이 담보되지 않는 인공 정착지에서 남은 일생을 보내야 하는 일이다. 그곳의 거주지는 사막에 둘러싸여 있고, 지속적인 붕괴 위협에 노출돼 있다. 그런 상황은 감히 상상하기조차 어렵다. 왜냐면, 우리 중 가장 불운한 이들조차도 화성 정착민들이 겪게 될 고난을 경험해본 적이 없기 때문이다. 화성을 사람이 살기에 적합한 곳으로 만들겠다는 엄청난 노력은 성공을 장담할 수 없다. 그곳에서의 삶은 지구에서 가장 가난하고 불행한 사람도 당연하게 누리는 기본적인 안락함조차 기대할 수 없다. 가장 사소하고 중요해 보이지 않는 '공짜' 기쁨을 생각해보라. 피부에 닿는 바람이나 비를 느끼거나, 한여름에 상쾌한 수영을 즐기거나, 갓 딴 과일을 맛보거나, 심지어는 신선한 공기를 가득 들이마시는 것들이 있다. 화성에서는 이 모든 것들이 엄청난 사치거나, 채워질 수 없는 욕구가 될 것이다.

흔히 인간은 본능적인 탐험가라고 말한다. 부정할 수 없는 사실이다. 그러나 우리의 호기심과 방랑이 우리를 지구의 가장 먼 곳까지 도달하게 했음에도, 우리는 결코 남극이나 에베레스트산 정상에 정착하거나 해저에 도시를 건설한 적이 없다. 이러한 일들은 실제로 가능할 뿐만 아니라 화성 식민화보다 훨씬 쉽게 실행에 옮길 수 있다. 그러나 우리가 원하는 것은 단순한 생존이 아니다. 가능하다면 살 가치가 있는 삶을 원한다.

따라서 화성으로 이주하는 것은 거의 불가능할 뿐만 아니라 유용함 측면에서도 설득력이 떨어진다. 경제적 유인이 뚜렷하지 않고, 이용 가능한 자원이나 새로 경작할 땅, 확장할 시장도 없다. 과거의 정복 전쟁과 식민주의는 도덕적인 지탄의 대상이며 고통을 유발하고 불의를 조장했지만, 적어도 권력과 자본을 가진 이들에게는 구체적이고 실질적인 이익이 있었다. 인류의 전체 역사 전체를 통틀어도 이민은 더 나은 삶을 원하고, 떠난 곳보다 더 나을 수 있다는 희망에서 비롯됐다. 새로운 땅으로 떠나는 이들은 욕심이나 절박함 때문에 움직였으며, 도착했을 때 풍요로운 땅, 자원, 에너지 혹은 평화롭고 더 공정한 사회를 기대했다. 그러나 화성으로 떠난 이주민들은 다음 일몰까지 살아남는 것이 유일한 목표가 될 것이다. 화성 식민화의 꿈 뒤에는 물질적이든 그렇지 않든 실익이 거의 없다. 실익은 광고하고 미화하는 이들에게만 있어 보인다.

훗날 화성을 일종의 '구명보트'로 보는 견해도 마찬가지다. 위기 상황에서 인류의 멸종을 막고 종의 지속기간을 연장할 수 있다는 생각이 바로 그것이다. 하지만 화성에서의 삶이 지구보다 더 안전할 것이라는 믿음은 근거가 없다. 오히려 그 반대의 경우가 많을 것이다. 화성의 인간 공동체도 지구에서 겪는 자연재해와 비슷한 위험에 처하게 될 것이며, 심지어 그보다 더 나쁜 상황들과 맞닥뜨려야 할지도 모른다. 그나마 지구에서는 오랜 시간 동안 누적된 사회적, 경제적, 기술적 지원망에라도 기댈 수 있다. 그러나 화성의 정착민들은 그 어떤 위협에도 혼자 맞서야 한다. 소수인 그들은 어려움에 매우 취약할 수밖에 없고, 대재앙에 쉽게 절멸될 가능성이 크다.

단순한 탐험이라면, 화성을 좀 더 가까이에서 연구할 이유가 분명히 있다. 예를 들어, 과거에 생명이 존재했거나 현재 존재하는지, 환경 조건이 급격하게 변화한 원인을 더 명확하게 이해하는 것 등이다. 이러한 사항들은 그 자체만으로도 흥미롭고, 모든 연구와 마찬가지로 인류의 생활 조건을 개선하는 데 도움이 될 수 있다. 하지만 화성을 효율적이고 안전하게 탐험할 수 있는 방법은 무인 탐사선을 활용하는 것이다. 그 여건은 로봇 기술의 발전으로 앞으로 더욱 개선될 것이다. 따라서 화성 탐사에서 인간의 체류 자체를 전제할 필요가 없다. 그러나 창의력과 혁신을 필요로 하는 일부 영역에서는 우리가 여전히 기계보다 명백히 나은 면이 있으므로 인간의 현장 참여가 유용할 수 있다. 또 처음으로 인간을 다른 행성의 표면에 보내는 조직적인 사업은 그 자체로 상징적 의미가 있다. 아폴로 탐사와 비슷하게 인류를 공통의 목표로 하나로 묶고 다음 세대에게 영감을 주는 것과 같은 효과가 있다. 따라서 유인 탐사선이 언젠가 화성에 도달해, 머지않은 미래에 남극이나 해저 기지와 유사한 소규모 전초기지를 세우겠다는 꿈을 갖는 건 충분히 가치 있다. 다만 화성에 도시를 세우는 일은 과학 소설에 맡기는 것이 좋다.

요약하자면, 우리 중 일부(혹은 더 큰 가능성으로 우리의 후손들)는 화성에서 인간의 발자국을 볼 수 있을 것이다. 하지만 누군가가 그 붉은 흙을 밟고 걸어도, 그곳에 머물기 위해서 간 것은 아닐 것이다.

＼ 우주의 섬, 우주 거주구

화성은 태양계에서 지구와 가장 비슷한 행성으로, 이는 그 자체로 의미가 많다. 알다시피, 태양과 더 가까운 다른 지구형 행성(수성, 금성)들은 화성보다 훨씬 더 살기 힘든 환경에 놓여 있다. 태양계 바깥 지역으로 가면 갈수록 더 추워지며, 화성 궤도 너머에는 주로 가스로 구성된 거대 행성들(목성, 토성, 천왕성, 해왕성)이 자리 잡고 있다. 이 행성들은 인간의 주거에 전혀 적합하지 않다. 비록 이 행성들에는 고체로 이뤄진 위성이 있지만, 그 위성들은 크기가 작고 극도로 추운 데다 강한 우주 방사선에 노출돼 있다. 화성과 목성 사이, 그리고 해왕성 궤도 너머에 있는 소행성들과 기타 작은 천체들도 상황이 비슷하다. 이 천체들은 모두 인간에게 매우 적대적인 환경일 뿐 아니라 지구에서 너무 멀어서 도달하기 어렵다. 여행만 해도 몇 달이 아니라 몇 년이 걸릴 것이다. 화성 궤도를 넘어서 인간의 거주지를 마련하거나 유인 탐사선을 보낼 가능성은 현재로서는 전혀 없다. 실제로 우리는 태양계의 가장 외곽 영역을 탐험할 때조차 자동 탐사선만을 사용했으며, 아마 앞으로도 계속 그럴 것이다.

그렇다면 우주 식민지 개척을 위해 지구 밖 다른 곳에 영구적으로 정착할 수 있는 대안이 있을까? '모든 달걀을 한 바구니에 담지 말라'는 우주 내 다중 거주를 추종하는 이들의 말처럼, 인류는 다행성 종이 될 가능성이 있을까?

지금까지 본 바에 따르면, 이렇다 할 해결책은 없다. 지구 밖으로 인류 중 일부를 이주시키려는 어떠한 가상의 계획도 엄청난 복잡성에 맞닥뜨릴 것이다. 이론적으로 존재하는 유일한 두 선택지인 달이나 화성에 정착지를 만들기 위해서는, 이들 세계의 표면에서 독립적이고 고립된 정착지를 유지할 수 있어야 할 뿐만 아니라, 대량의 물자와 인력을 안전하게 운송할 수 있어야 한다. 그렇다면, 그밖에 다른 천체에 정착하려는 계획을 완전히 포기하고, 우주 공간에 인간에게 적합한 인공 환경을 만드는 편이 낫지 않을까? 밀폐된 유리관 속에 사는 것 말고 대안이 없다면, 우리가 더 편리하게 접근할 수 있는 곳에 만드는 것이 합리적이다. 화성 위에 돔으로 밀폐된 생물권을 구축하는 것보다 지구 가까이에 거대한 우주 거주구(Space habitat, 스페이스 콜로니)를 건설하는 편이 더 나을 수 있다는 말이다.

우주 거주구에 관한 이런저런 구상은 생각보다 오랜 역사가 있다. 20세기 초, 우주 항공의 아버지 중 한 명인 러시아의 로켓공학자 콘스탄틴 치올콥스키(Konstantin Tsiolkovsky, 1857~1935)는 장기간 혹은 영원히 살 수 있는 자급자족 가능한 폐쇄된 우주 거주구를 구상했다. 태양광을 에너지원으로 사용하자고 했을 뿐 아니라, 축을 중심으로 회전시켜 지구의 중력 조건과 비슷한 거주 환경을 만드는 것까지 고려했다.* 훗날, 이 상상력은 우주 인공 정착지를 계승했던 구상들의 핵심 개념으

• **회전에 의해 발생하는 원심력을 이용해 인공 중력을 생성하는 개념.** 회전 속도에 따라 중력의 크기를 조절할 수 있으며, 중력이 필수적인 거주 및 농업 구역은 회전축의 90도로 배치된다. 이 인공 중력은 필요한 구역(거주, 농업)에만 제공되며, 공업, 운송 등이 이뤄지는 나머지 구역에는 제공하지 않음으로써 효율적인 공간 배치가 가능하다.

로 자리 잡았다. 예를 들어, 폰 브라운과 아서 C. 클라크는 같은 방식으로 인공 중력을 만들고, 내부 벽에 거주지를 고정시키는 반지 모양 우주 거주구를 고안하며 대중화하는 데 크게 공헌했다.

아폴로 탐사 이후에는 영구적인 우주 거주구 건설이 진지하게 검토되기 시작했다. 1960년대 말, 프린스턴 대학교의 물리학자 제라드 K. 오닐(Gerard K. O'Neill, 1927~1992)은 인간이 거주할 수 있는 충분히 큰 우주 거주구를 연구하기 시작했다. 그 전제조건은 지구와 비슷한 중력 조건과 낮과 밤이 있어야 하며, 태양 에너지를 효율적으로 사용할 수 있어야 한다는 것이었다. 오닐은 몇 년 동안 이 문제를 연구한 끝에, 길이 32킬로미터에 직경 8킬로미터 크기의 거대한 빈 원통형 구조가 최적의 해결책일 수 있다는 결론에 이르렀다.[38] 그의 가정에 따르면, 이 원통형 구조는 축을 중심으로 회전하며, 이로 인해 발생하는 원심력은 내부 벽에 위치한 거주 공간에 지구와 유사한 인공 중력으로 작용할 것이다. 원통의 일부 표면은 투명한 소재로 만들어져 태양 빛이 들어올 수 있도록 배치하고, 나머지 부분은 수만 명의 사람들을 수용할 수 있을 만큼의 넓은 면적에 산, 강, 호수가 있는 지구의 자연 풍경을 재현하고자 했다. 적절한 인공 대기가 조성된다면, 이곳의 거주자들은 지구에서처럼 살 수 있을 것이다. 오닐의 말에 따르면, 심지어 더 나은 삶을 누릴 수도 있다.

1975년 여름, 제라드 K. 오닐은 NASA, 스탠퍼드 대학교와 함께 우주 거주구에 관한 공동 연구를 이끌었다. 이 연구는 10주 동안 진행됐으며, 다수의 기술자, 물리학자, 건축가가 참여했다. 연구 기간 중에는 인간이 거주할 수 있는 거대한 궤도 구조물들에 관한 다양한 모형이 자세히 분석됐다. 가장 유망한 것으로 평가된 구조물로는 오닐의 원통형 구조물 외에도, 존 데스몬드 버널(John Desmond Bernal, 1901~1971)이 1929년에 처음 제안한 '버널 구체(Bernal Sphere)'라고도 알려진 빈 구형 거주구와 1968년 영화 〈2001: 스페이스 오디세이(2001: A Space Odyssey)〉로 인기를 얻은 '스탠퍼드 원환체(Stanford Torus)'라고 불리는 링 형태의 유명한 우주 거주구가 있었다.[39] 이러한 구조물들은 모두 엄청난 규모(대개 수 킬로미터 단위)를 자랑하며, 내부 벽에 수만 명의 사람들을 거의 지구와 구분할 수 없는 조건에서 수용할 수 있는 잠재성을 갖춘 것으로 평가됐다. 1976년, 오닐은 그의 우주 거주구 건설 구상을 《하이 프론티어: 우주에서의 인간 식민지(The High Frontier: Human Colonies in Space)》[40]라는 책을 통해 널리 알렸다. 이 책에서 오닐은 우주 거주구에 대한 자세한 기술적 설명과 미래 우주 이민자들의 삶을 소개했다.

여기서 소개된 우주 거주구를 잠시 살펴보자. 우선, 우주

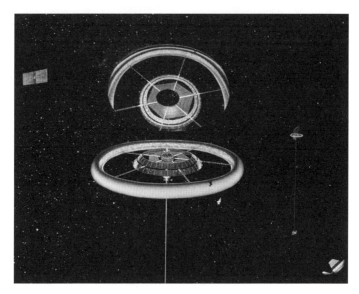

1975년 스탠퍼드 대학교에서 설계된 스탠퍼드 원환체. 스탠퍼드 원환체는 원형 링이 회전하면서 발생하는 원심력을 인공 중력으로 활용한다. 고리 내부의 벽면에 거주 구역이 위치하며, 이 구역은 중심축에 대해 90도로 배치된다. 중앙부를 따라 빛과 에너지가 전달되며, 효율적인 구동을 위해 구조는 최소화돼 있다. ⓒNASA

거주구 건설 비용을 줄이기 위해서 재사용 가능한 운송 수단과 달에서 얻은 자재를 사용한다. 운송에 필요한 연료 소비를 줄일 수 있기 때문이다. 우주 거주구는 지구와 다른 천체 사이의 특정 지점인 '라그랑주점(Lagrangian Point)'에 위치한다. 이 점들에서는 지구와 달 사이의 중력 상호작용으로 인해 훨씬 작은 질량의 제3의 물체(우주 거주구)가 두 천체로부터 일정한 거리를 유지하며 '주차'될 수 있다. 총 5개의 라그랑주점이 있으며, 그

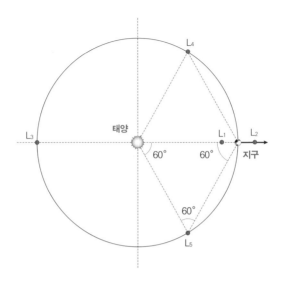

다섯 개의 라그랑주점. 2개의 큰 질량을 가진 천체(예를 들어, 태양과 지구, 지구와 달 등) 사이의 중력적 균형 지점을 나타낸다. 이 지점에서는 중력과 원심력이 상쇄돼 작은 질량의 물체가 상대적으로 안정적으로 자리 잡을 수 있다. 이 중 L_1, L_2, L_3는 물체의 위치가 약간만 벗어나도 원래 평형점으로 되돌아오지 못하는 불완전 평형점(unstable saddle points)으로 우주 거주구에 적합하지 않다.

중 네 번째와 다섯 번째 점(L_4와 L_5)은 우주 거주구가 자리 잡기에 좋은 위치다. 이 점들은 달 궤도 경로 위에 있어서 다른 점들(L_1, L_2, L_3)과 비교해 달 진입에 상대적으로 유리한 측면이 있다. 또한, 우주 거주구가 이 점에 위치하면 매우 적은 에너지로 사실상 무한대에 가깝게 머물 수 있다.

1970년대 오닐의 연구에서 거론된 거대 우주 구조물들은 최소한 이론상으로는 가능해 보였다. 하지만 항상 그렇듯이, 실현 가능성을 고민하면 문제가 시작된다. 오닐은 운영하는 데 드는 비용과 시기를 추정하는 노력을 기울였다. 그의 계산에 따르면, 길이 1킬로미터, 반경 100미터 규모의 원통형 구조물에 약 1만 명이 거주할 수 있는 인공 거주구를 만들 수 있으며, 1984년 당시 기술을 사용했을 때 아폴로 탐사와 비슷한 비용으로 충분히 가능해 보였다. 오닐은 이 크기가 경제적 효과를 볼 수 있는 최소한의 규모라고 봤으며, 여기서 시작해 더 큰 구조물을 건설할 수 있을 것이라고 기대했다. 그의 계획대로라면, 2050년까지 수백만 명의 사람들이 지구를 떠나 인공 거주구로 이주할 수 있을 것이며, 이는 지구 자원의 한계를 극복하고 인류의 수명을 연장할 혁신적인 방법이었다.[41]

책이 큰 성공을 거둔 덕분에, 1980년대 초까지 회전하는 우주 거주구와 우주 식민지에 대한 구상도 함께 대중적인 인기를 끌었다. 그러나 정치적 고려를 우선시했던 NASA나 미국 정부는 그 어떤 구체적인 실행 계획도 약속하지 않았다. 또한, 오닐과 그의 지지자들이 민간 자금을 유치하려 한 시도(라그랑주점 L5에 궤도 기지 설치를 목적으로 L5 소사이어티를 설립했다)도 결실을 보지 못했다. 오닐의 낙관적인 예측에도 불구하고, 실제로 이러한 거대한 우주 거주구 건설에 착수할 충분한 경제적 또는 정치적 동기가 부족한 탓에 그의 구상은 실현되지 못했다. 결국, 드라마 시리즈 〈익스팬스〉, 비디오 게임 〈헤일로(Halo)〉, 그리고 영화 〈엘리시움(Elysium)〉과 같이 공상과학의 영역으로만 그 명맥이 이어졌다.

이후 오랜 세월이 흘러 최근 몇 년간, 마치 화성 도시를 꿈꾸는 것처럼 대규모 우주 궤도 식민지에 대한 개념이 다시 부상했다. 이는 새로운 우주 기업가들의 관심 덕분이다. 제프 베이조스는 (적어도 그의 경쟁자 일론 머스크와 차별화하기 위해서라도) 화성 식민화보다 이 대안이 더 현실적이라고 공개적으로 밝혔다. 몇 년 전 베이조스는 오닐의 연구를 인용하며 우주 '섬들(Islands)'을 건설하려는 몇 가지 이유를 열거했다. 그중 주요한 근거는 지구와의 거리가 더 가깝기 때문이다. 머스크는 습관처럼 트윗[42]을 통해 이 개념은 말이 안 된다고 반박했는데, 그 이유로 달이나 소행성에서 엄청난 양의 자재를 운반하고 조립해야 하기 때문이라고 지적했다. "이는 대서양 한가운데에 미국을 건설하려는 것과 같다!" 머스크의 비판은 일리가 있다. 그러나 화성 한가운데에 미국을 건설하려는 사람의 말이라는 점은 기억해야 할 것 같다.

어쨌든 2021년에 베이조스는 지구 저궤도에 첫 번째 민간 우주정거장 '오비탈 리프(Orbital Reef)' 건설 계획을 발표했다. 이 정거장은 관광과 기타 상업적, 연구 용도로 사용될 전망이다. 물론, 오닐이 상상했던 거대한 우주 거주구와는 거리가 멀고, 한 번에 최대 10명의 인원만을 수용할 수 있다. 사실상 이 정거장은 국제우주정거장과 비슷한 크기가 될 것이며, 2020년 대 말 국제우주정거장이 퇴역할 때 그 자리를 대체할 수도 있 다. 베이조스는 국제우주정거장의 공백을 메우는 것을 첫 번째 목표로 삼고 있지만, 장기적으로 오닐과 그의 동료들이 연구했 던 거대 구조물 계획을 부활시키고, 이를 인류의 장기적 문제 를 해결할 대안으로 여기며 훨씬 더 웅대한 계획을 품고 있다.

현재 이러한 계획들은 컴퓨터 그래픽으로 만들어진 예술 적 수사에 불과하다. 이 분야는 지난 세기 1970년대에 비해 엄 청난 발전을 이뤘다. 그러나 우주 거주구를 현실화하기 위해 필요한 기술은 아직 그런 수준에 이르지 못했다. 우리는 이러 한 우주 거주구를 만드는 데 필요한 거대한 양의 물질을 모으 고 조작할 수단이 없다. 이미 앞서 봤듯이, 우리는 여전히 지구 에서 인공 개척지를 세우는 일조차 완벽히 해내지 못했다. 우 주 궤도에서, 그것도 수 킬로미터 규모로 이를 수행하는 것은 상상하기 어렵다. 그리고 오늘날의 적지 않은 억만장자들이 거 대한 경제적 자원을 보유했음에도, 장기간에 걸친 우주 사업에 끊임없이 투자할 수 있을지도 의문이 남는다.

결국, 베이조스나 머스크의 구상 모두 실현 가능한 미래에 관한 것이 아닌 그들 자신이 원하는 미래에 관한 것에 가깝다. 다시 말하지만, 이러한 꿈이 불가능하다고 말할 수 없고, 먼 미래에 현실이 될 가능성도 배제할 수 없다. 그러나 현재로서는 그 가치가 공상과학과 크게 다르지 않다. 최선의 경우라면 영감을 주거나 꿈꾸게 만들 수 있지만, 반대로 불신이나 공포를 불러일으킬 수도 있다. 어떻게 보든 너무 진지하게 받아들일 필요는 없다.

＼ 하늘로 가는 엘리베이터가 있다면

지구 밖에 인간의 또 다른 주거지를 건설하는 것은 그 자체로 적대적인 환경, 위험, 기술적 어려움을 동반할 뿐 아니라, 건설에 필요한 엄청난 비용 또한 반드시 해결해야 할 과제다. 제프 베이조스가 꿈꾸는 오늘의 방식처럼 거대 우주 거주구든 일론 머스크의 화성 도시든, 지구 밖으로 필요한 자재를 운반하고 궤도나 달, 화성 표면에서 조립하는 일은 여전히 상상하기 어렵다. 오늘날의 기술로 단 1킬로그램의 물체를 지구 대기 밖으로 옮기는 데 수만 달러의 비용이 든다는 사실을 고려하면 더욱 그렇다. 이 문제는 화성 식민화뿐만 아니라, 에너지 확보를 위해 거대한 궤도 태양 전지판을 건설하거나 지구 온난화를 완화하기 위해 일부 태양광을 차단하는 차양을 만드는 등의 공상과학적 계획에도 마찬가지로 적용된다. 로켓을 여러 번 사용하는 것이 비용을 줄일 좋은 방법이기는 하지만, 안정적이고 경제적인 중량급 운송 기반을 갖추기에는 여전히 갈 길이 멀다. 즉, 우주를 정복하려는 이들에게는 마치 서부 황야에 철도가 필요했던 것처럼, '우주 철도'가 필요하다.

그런데 대기권을 벗어나는 일은 왜 이렇게 복잡하고 힘들까? 왜 우주로 진입하려면 엄청난 추진력이 필요할까? 비행기처럼 서서히, 조금씩 올라갈 수는 없을까? 불행히도 그럴 수 없다. 주된 이유는 고도가 높아질수록 대기가 점점 더 희박해지기 때문이다. 어느 정도 고도에 이르면, 더는 비행기를 지탱해줄 만큼의 대기가 없는 탓에 연료를 태울 수 없게 된다. 그런데 만약 우주에 닿을 수 있을 만큼 높은 구조물을 지을 수 있다면 어떨까?

이 같은 생각을 처음 떠올린 사람은 콘스탄틴 치올콥스키였다. 1895년, 그는 갓 완공된 에펠탑에서 영감을 얻어 탑이 어느 높이에 이르면 그 정점에서 물체가 지구로 돌아오지 않고 지구 정지궤도(Geostationary Orbit, GEO)*에 진입할 수 있는지

---

* **지구 적도 상공 약 35,786킬로미터 높이에 위치한 궤도.** 이 궤도에서는 위성이 지구의 자전 속도로 회전해 지구의 특정 지점에 고정된다. 주로 통신, 기상 모니터링, 방송 송출에 사용된다. 정지궤도 위성과 달리 지구 저궤도와 중궤도 위성은 지속적인 운동 에너지(관성)에 의해 회전하며 궤도를 유지한다.

궁금해했다. 탑은 지구 자전의 영향으로 높이 올라갈수록, 회전목마의 바깥쪽에서 속도가 더 빨라지는 것과 같이 수평 방향으로 속도가 빨라진다. 따라서 탑 중간 부분에서 물체를 놓으면, 그 높이에서는 수평 속도가 충분하지 않아 물체가 지구로 떨어진다. 하지만 약 3만 6,000킬로미터의 높이에서는 수평 속도가 정지궤도를 유지하는 데 필요한 속도에 도달해, 물체를 놓아도 그 위치에 머물게 된다.

물론, 치올콥스키의 이론은 순수한 수학적 호기심에 불과했다. 그 자신도 지구 반지름의 6배에 이르는 탑이라면 자체 무게 때문에 붕괴할 거라는 사실을 잘 알고 있었다. 하지만 1959년, 또 다른 러시아의 과학자이자 기술자 유리 N. 아르추타노프(Yuri N. Artsutanov, 1929~2019)는 굳이 탑을 쌓지 않고도 같은 결과를 얻을 수 있다는 것을 깨달았다.[43] 아르추타노프는 정지궤도 위성에서 케이블을 내려 지면에 고정시킬 수 있다면, 정지궤도보다 더 높은 고도에 추를 설치함으로써 케이블이 팽팽하게 유지될 수 있을 거라고 생각했다. 이게 가능하다면, 케이블을 이용해 화물 상자, 컨테이너, 또는 위성 등을 궤도로 올리거나 내릴 수 있으며, 실제 우주 엘리베이터(Space elevator)를 구현할 길이 열리는 것이었다. 우주 엘리베이터는 수없이 많이 재사용될 수 있으며 몇 시간 내에 큰 위험 없이 저렴한 비용으로 우주로 자재를 옮길 수 있게 된다(물론, 설치 비용은 전혀 다른 문

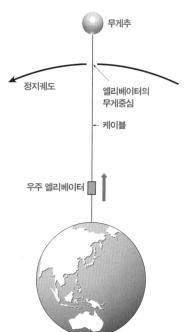

무게추

정지궤도

엘리베이터의
무게중심

케이블

우주 엘리베이터

우주 엘리베이터 개념도. 정지궤도
까지 이르는 케이블을 통해 지구에
서 우주로 자재를 운송하는 작동 체
계로, 상단 고정 구조물과 지면 고정
점이 케이블 간의 안정성을 유지한
다. 이론적으로는 우주 운송 비용을
혁신적으로 줄일 잠재력을 지니고
있다.

제다). 더 나아가 아르추타노프는 지구에서 6만 킬로미터 이상
떨어진 큰 우주 거주구와 케이블을 연결한다면, 기차로 이동
하는 것만큼 편리하게 일상적으로 이동할 수 있을 거라고 내
다봤다.

　물론, 우주 엘리베이터를 구현하는 일은 수많은 난관이 기
다린다. 가장 큰 문제는 지구와 우주를 연결할 케이블이 매우
가볍고 동시에 엄청나게 강해야 한다는 것이다. 과거라면 이

런 케이블은 생각조차 할 수 없었을 것이다. 그러나 최근 수십 년간 이에 적합한 특성을 가진 새로운 재료, 예를 들어 그래핀(Graphene)이나 탄소나노튜브(Carbon nanotube, CNT)가 발견되면서 조금 더 희망을 품을 수 있게 됐다. 국제우주학회는 몇십 년 내에 우주 엘리베이터 건설이 실현될 수 있을 것으로 전망한다. 비록 초기 투자 비용은 수십억 달러에 이르겠지만, 우주로 화물을 보내는 비용 절감을 고려한다면, 그 비용은 상쇄하고도 남을 것이다.

이 개념은 다른 천체에도 적용될 수 있다. 예를 들어, 화성이나 달은 지구와 비교해 중력이 약하고 자전 속도가 느리기 때문에, 이론상 현재 기술로도 케이블을 건설할 수 있다. 그래서 일각에서는 지구와 달을 케이블로 연결하자는 주장을 제기하기도 한다. 문제는 이론상이라는 점이다. 케이블 건설이 불가능하지는 않지만, 실제로 구현하자면 아주 복잡한 난관들이 기다린다.

우주 엘리베이터는 우주 공학의 큰 그림 중 의심의 여지 없이 거대한 도약이 될 것이다. 실현된다면 인류를 지구의 중력 굴레에서 구해낼 중요한 전환점이 될 것이다. 일단 대기를 벗어나면 일은 매우 간단해진다. 태양계 내 다른 목적지로 이동하는 데 필요한 연료량은 거의 무시해도 좋은 수준이 된다. 아서 C. 클라크는 우주 엘리베이터 개념에 열광했으며, 이를 대중화하는 데 다른 누구보다 큰 역할을 했다. 그의 1979년 소설《낙원의 샘(The Fountains of Paradise)》은 우주 엘리베이터 건설을 중심으로 전개된다. 이어서, 1997년에 발표된 '스페이스 오디세이' 시리즈의 마지막 작품《3001: 최종 오디세이》에서는 우주 엘리베이터가 더욱 대담하게 그려진다. 그는 이 작품에서 인류가 적도 주변에 4개의 거대한 탑을 건설하고, 이 탑을 통해 지구 주변의 거대한 우주 거주구로 드나드는 모습을 그려냈다. 우주 엘리베이터가 언제쯤 실현될 수 있을지 묻는 이들에게 그는 다음과 같이 답했다. "사람들이 이 생각을 비웃음거리로 여기는 것을 그만두고 난 50년 후쯤이면 실현될 것이다."

솔직히 말하자면, 우주 엘리베이터를 조금 더 진지하게 다뤄야 할 시점에 이르렀는지 확실치 않다. 분명한 사실은, 우리는 여전히 버튼 하나만 누르면 우주로 올라갈 수 있는 날과 매우 멀리 떨어져 있다는 것이다.

＼ 지구 저 너머

최소한 지금까지는 태양계 내에서 지구 외에 인류에게 현실적인 대안이 없다. 이미 존재하는 그 어떤 자연환경도 우리의 주거와 일상생활에 적합하지 않다. 지구를 떠나 살기 위해서는 두 가지 선택지만이 존재한다. 지구 궤도 혹은 다른 천체 표면에 인공 정착지를 건설하는 것이다. 이 둘 중 하나를 선택할 수 있지만, 어느 것도 가까운 미래에 실현될 가능성은 낮다. 아마도 엄청난 경제적 및 기술적 노력이 필요할 것이다. 오늘날 당면한 인류 차원의 문제를 우주에서 해결하자는 주장이 있다. 하지만 이에 대한 가장 명백한 반론은, 적어도 단기적으로 지구에서 해결책을 찾는 것이 훨씬 간단하다는 것이다. 예를 들어, 지구의 온난화를 제어하는 일은 화성의 기후를 변화시키는 것보다 훨씬 더 간단하다. 또 빈곤국의 사회적, 위생적, 식량 측면의 상황을 개선하는 것이 지구 궤도나 화성에 도시를 건설하는 것보다 훨씬 실현하기 쉽다.

그러나 그것과 별개로, 언젠가 완전히 혹은 부분적으로 지구를 떠나야 하는 것이 인류의 운명이라고 믿을 자유까지 막을 수는 없다. 불가능하지 않다면 언젠가 일어날 수 있으며, 의지와 수단이 있다면 그렇게 될 수 있다. 수 세기 후에 진정한 의미의 화성과 달에 도시를, 지구 궤도에 거주지를, 심지어 태양계 외곽에 전초기지를 갖게 될지도 모른다. 그러나 전 인류 차원의 미래를 생각해서 그러한 일들이 추진될 것 같지는 않다. 지구를 떠나 이주하는 것은 지금보다 훨씬 더 진보된 기술력을 요구하며, 그 단계에 도달하려면 먼저 파멸과 멸종의 위협을 극복해야 한다. 결국, 우주 식민화를 주장하는 사람들은 논리적 순서를 뒤집는 자가당착에 빠져 있다. 인류가 생존하려면 다행성 종이 돼야 하는 것이 아니라, 다행성 종이 되길 원한다면 먼저 생존해야 한다.

지구상에 복잡하고 중대한 문제가 가득하다고 해서 우주 탐사에 자원과 에너지를 투입하지 말아야 한다는 뜻은 아니다. 오히려 반대로, 다른 행성의 환경을 이해하는 것이 지구를 더 잘 이해하게 해준다. 우주 연구로 얻은 기술은 이미 일상에서 중요하게 쓰이고 있으며 앞으로도 그럴 것이다. 또한, 통신, 기후 및 환경 감시, 우주 연구 등 다양한 분야에서 필수적인 역할을 한다. 더 나아가 우주는 이미 경제적, 상업적 가능성이 무시할 수 없을 만큼 커졌다. 그러니 핵심은 "우주는 뒤로하고 지구에 집중하자"는 말이 아니다. 우리 자신을 지구 안에 가둬놓고 외부 세계에 대한 호기심과 이해를 포기한다면 아무것도 해결되지 않는다. 우리는 우주 탐사와 동시에 지구의 삶의 질을 개선할 수 있다. 그러나 화성, 달, 또는 우주 거주구를 단순히 위기 탈출구로 보는 것은 환상에 불과하다. 전 지구적 문제를 해결하지 못한다면 결국 모든 것이 무의미해진다.

설령 태양계 내 다른 곳으로 거처를 옮길 수 있다고 하더라도, 중단기적으로 (수 세기 혹은 수천 년 내) 우리의 생존에 위협이 될 법한 자연재해들이 사라지지는 않을 것이다. 예를 들어,

소행성이나 혜성과의 충돌은 화성이나 달에서도 마찬가지로 해결되지 않은 문제로 남을 것이며, 궤도 위 우주 거주구들에도 똑같은 영향을 미칠 수 있다. 이러한 위협에 대처하는 최선은, 앞서 보았듯이 감시와 예방을 통해 최악의 상황이 발생했을 때 피해를 최소화할 해법을 마련하는 것이다. 이 모든 것은 우주 관측과 탐사에 관련된 새로운 기술과 지식을 필요로 한다. 인간의 행동에서 비롯된 위험들은 외계 식민지를 만든다고 해서 사라지거나 감소하지 않을 것이다. 오히려 그 반대일 수 있다.

장기적으로 (수억 년 후) 태양이 진화하면 할수록, 지구는 더욱 인간이 살기에 부적합한 곳으로 바뀔 것이다. 하지만 태양의 밝기가 증가하며 일어나는 문제는 우리가 사는 지구뿐 아니라 태양계 내 다른 행성에도 마찬가지로 영향을 끼친다. 만약 우리 종이 그때까지 존재한다면, 태양계 내 다른 행성으로 이주했다고 해서 살아남은 것은 아닐 것이다. 시간상 너무 먼 미래의 문제이므로 오늘날 이 문제에 대해 신경 쓰는 것이 무의미할 수 있다. 단지 상황을 가정하는 재미로만 가치가 있다. 어쨌든, 인류가 언젠가 태양계를 벗어나 지구와 매우 비슷한 행성에서 새로운 거주지를 찾을 수 있을지에 관한 질문은 항상 열려 있다. 이제 이와 관련한 내용을 살펴보자.

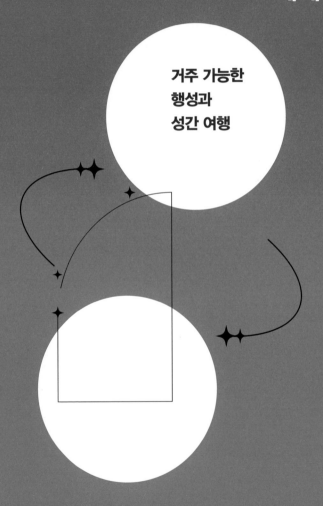

제
3
장

태양계
너머의
세계

거주 가능한
행성과
성간 여행

현재까지 지구는 우리가 알고 있는 우주에서 유일한 거주 가능한 행성이다. 그러나 지난 몇십 년 동안, 다른 별(항성) 주위에 다른 세계들(이른바 '외계 행성Exoplanet')이 존재한다는 증거가 발견됐다. 이러한 행성 중 상당수는 생명체가 살아갈 수 있는 특성을 띠고 있을 거라고 추정된다.

 이 외계 행성들은, 마치 우주에서 지구를 관측하려고 했을 때 태양(별) 빛에 가려 지구가 잘 보이지 않는 것처럼, 매우 드문 경우를 제외하고는 직접 관측할 수 없다. 따라서 간접적인 방법을 사용해야 한다. 방법은 크게 두 가지다. '시선속도법(Radial velocity method)'과 '통과법(Transit method)'이다. 시선속도법은 행성과의 중력 상호작용으로 인해 별이 약간 이동하는 것을 관측하는 것이다.* 통과법은 행성이 별 앞을 지나갈 때 별빛이 약해지는 것을 관측한다. 이 두 효과는 모두 매우 미미하며, 이를 탐지할 수 있는 정밀한 조사 기술을 개발하는 데도 엄청난 시간과 노력이 필요했다. 태양과 비슷한 별 주위의 첫 외계 행성은 1995년에 발견됐으며, 이 공로로 2019년 두 천문학자 미셸 마요르(Michel Mayor, 1942~)와 디디에 켈로즈(Didier Queloz, 1966~)는 노벨 물리학상을 받았다. 그 이후로, 새로운 외계 행성 발견은 거의 일상적인 일이 되다시피 해지면서 2022년까지 발견된 외계 행성의 누적 수가 5,000개를 넘어섰다.** 이 중 상당수는 태양계 내 지구와 다른 행성들이 있는 것처럼 행성계에 속한 행성들이다.

현재 알려진 외계 행성 중 200여 개는 '지구형(Terrestrial)' 행성으로 분류되는데, 이는 우리 행성과 비슷한 크기로 존재한다는 의미다. 반면 1,500개 이상의 행성은 우리 태양계에 없는 '슈퍼 지구(Super-Earth)' 범주에 속한다. 지구보다 크지만, 천왕성과 해왕성보다는 작은 행성들이다. 하지만 이런 명명법은 완벽하지 않아서 오해의 소지가 있고, 종종 혼란을 초래한다. 실

- 별빛에서 발생하는 도플러 효과를 측정해 별과 행성의 운동을 감지하는 **천문학적 방법.** 별의 중력으로 행성을 당길 때 반대로 별도 행성의 영향으로 아주 미세하게 이동한다. 이 움직임을 도플러 효과를 통해 포착해 행성의 존재와 그 특성을 추론하는 것이다.
- ** **2024년 현재까지 발견된 외계 행성 수는 6,700를 넘어섰다.**

제로 우리는 슈퍼 지구가 가스로 이뤄져 있는지, 아니면 암석으로 구성돼 있는지조차 명확히 알 수 없다. 또 '지구형'으로 정의된 외계 행성에 대해서도 신중히 바라봐야 한다. 이 분류법에 따르면, 단순히 지구 반지름의 절반에서 2배 사이의 크기를 띠는 천체들이 지구형 행성에 포함된다. 우리가 알고 있는 바로는, 이러한 행성들은 암석과 금속으로 이뤄져 있다는 점을 제외하고는 지구와 공통점이 전혀 없을 수 있다.

실제로 대부분의 외계 행성에 대해 더 많이 알아내기란 매우 어렵다. 우리는 항상 그들의 항성으로부터 거리를 측정할 수 있지만, 그 외에 쉽게 접근할 수 있는 다른 매개변수는 행성의 반지름이나 질량뿐이다. 더군다나 이 두 정보를 모두 아는 경우도 드물다. 두 정보가 모두 있을 때만 행성의 밀도에 대한 추정치를 얻을 수 있고, 그것이 암석인지, 가스 상태인지, 혹은 다른 것인지에 대해 더 나은 추정을 할 수 있다. 이러한 자료는 의심의 여지 없이 소중하지만, 불행히도 우리가 논의하려고 하는 중요한 정보를 알려주지는 못한다. 즉, 그 정보만으로는 외계 행성이 실제로 지구와 유사한지, 그리고 특히 그곳에 생명체가 있는지 여부를 알기 어렵다.

＼ '거주 가능한 행성'이 말하는 것

최근 몇 년 동안, 다른 별 주위에서 잠재적으로 생명체 거주 가능 행성들이 발견됐다는 뉴스가 여러 차례 미디어를 통해 보도됐다. 이 소식은 우리 은하에만 거주 가능한 행성이 수억 개 존재할 수 있다는 놀라운 추정과 함께 전해졌다.[1] 이런 소식을 접하면, 우주에 지구와 같은 행성이 믿을 수 없을 정도로 흔할 거로 생각할 수도 있다. 하지만 이를 적절히 평가하고 맥락을 해석하기 위해서는 천문학자들이 자주 쓰는 '잠재적으로 거주 가능한(potentially habitable)'이라는 표현이 무엇을 뜻하는지 파악해야 한다.

행성의 거주 가능성은 매우 모호한 용어로, 그 행성이 생명을 유지할 수 있는 능력을 이른다. 여기에서 첫 번째 난관에 부딪힌다. 생명의 정의가 명확하지 않기 때문이다. 우리는 대부분 무생물과 생명체를 구분할 수 있지만, 사실 이 둘이 어떻게 갈라지는지에 대해 명확히 설명할 수 없다. 특히 문제를 복잡하게 하는 것은 현재까지 알려진 생명이 지구의 생명체뿐이며, 그 특성이 우주적 영역에서 보편적이지 않을 가능성이 있다는 사실이다. 따라서 지구 생명체가 진화를 거쳐온 방식과 전혀 다른 경로를 상상해볼 수 있는데, 그러한 상황에서는 해당 행성이 생명을 지탱할 수 있는지 그 여부를 명확히 판단하기 어려울 수 있다. 결국, 거주 가능성은 모호한 개념이다. 하지만 무언가 더 많은 것을 이해하려면 구체적인 단서를 찾아야 한다. 그러자면 우리가 알고 있는 생명체에 한정해, 행성에 생명이 존재하는 데 필요한 요소가 무엇인지 고민해볼 수 있다.

수년에 걸쳐 이 문제를 다룬 과학자들은 생명체가 존재하는 데 꼭 필요한 세 가지 기본 요소를 도출했다. 이 세 요소는 무엇이며, 얼마나 흔할까?

첫 번째는 에너지원이다. 이와 관련해 가장 쉽게 떠오르는 것은 별빛이다. 우주는 별로 가득 차 있고, 각각의 별 주위를 공전하는 행성이 적어도 하나는 존재한다. 따라서 이 요소는 상당히 흔히 발견된다. 두 번째는 지구상 모든 생명체의 기본을 이루는 화학 원소로, 탄소, 수소, 산소, 질소, 인, 황이다. 이들을 기억하기 위해 'CHONPS'라는 약자를 사용하기도 한다. 이 두 번째 요소 또한 지구 밖에서 찾기 어렵지 않다. 탄소, 수소, 산소는 우주에서 가장 풍부한 원소 중 일부로 존재한다. 또한, 다른 행성, 소행성, 혜성 및 성간 공간에서도 관측되는 매우 복잡한 유기 분자(즉, 탄소 화합물)에 포함돼 있다. 결국, 생명의 기본 구성요소는 잠재적으로 매우 흔할 수 있다. 마지막 세 번째는 액체 상태의 물이다. 지구상의 생명체는 물 없이 존재할 수 없다. 액체 상태의 물은 모든 요소 중에서도 우주에서 가장 찾기 어려운 물질이다. 사실, 우주에 물은 풍부하게 존재하지만, 액체 상태로 오랫동안 유지되려면 적절한 온도와 압력이 필요하다.

실제로, 생명체를 지탱할 수 있는 행성을 찾는 천문학자들에게 물의 존재는 '거주 가능성'과 동의어에 가깝다. 이로 인해 특정한 행성계의 '생명체 거주 가능 영역(Habitable zone)'이라는 개념이 만들어지기도 했다. 이 영역은 중심 별을 둘러싼 고리 모양으로 존재한다. 만약 어떤 행성이 지구와 유사한 대기와 고체 표면으로 구성돼 있고 이 영역에서 공전한다면, 그 행성은 받을 수 있는 빛과 에너지 양이 최적화돼 표면 온도가 너무 낮지도 높지도 않게 된다. 그리고 물이 있다면 얼거나 증발하지 않고 액체 상태로 남아 있을 수 있다. 거주 가능 영역의 위치는 별의 유형에 따라 달라진다. 별이 더 뜨겁고 밝을수록 거주 가능 영역은 넓고 별로부터 멀어진다. 반대로 별이 작고 희미하면 액체 상태의 물이 존재할 수 있는 영역은 더 좁고 가까워진다. 이미 확인했듯이 태양의 경우처럼, 별들은 그들의 생애 동안 밝기가 변하기 때문에 거주 가능 영역도 시간이 지남에 따라 변할 수밖에 없다.

어쨌든, 천문학자들이 잠재적으로 거주 가능한 외계 행성을 발견했다고 말할 때, 이는 단순히 그 행성이 자신의 별 주위를 거주 가능 영역 내에서 공전하고 있다는 것을 의미한다. 그렇다고 그 행성에 실제 생명이 존재하는지는 알 수 없다. 실제

행성 표면에 액체 상태의 물이 있는지조차 확실치 않다. 그런 조건이 있을지도 모른다는 사실만 알려줄 뿐이다. 하지만 자주 그렇듯, 상황은 훨씬 더 복잡하다.

우리 태양계를 생각해보자. 만약 외계 천문학자가 태양계 밖에서 태양계를 성공적으로 관측했다면, 태양 주변 거주 가능 영역 내에서 3개의 행성을 발견할 것이다. 그러나 이 세 행성 (즉, 금성, 지구, 화성) 중 실제로 호수와 바다가 있는 곳은 지구뿐

별 주위를 공전하는 행성과 생명체 거주 가능 영역. 그림에서 보이는 도넛 모양의 고리 영역이 거주 가능 영역이며, 오른쪽의 행성은 생명체가 존재할 가능성이 있는 행성이다. 태양계와 달리 다른 항성계의 행성들은 혜성처럼 찌그러진 원을 그리며 돌기도 하는데, 왼쪽 행성은 거주 가능 영역에서 벗어나 긴 추운 겨울로 이동하는 모습이 표현돼 있다. 이런 경우라면, 생명체가 존재하면서 지표면 깊은 곳에서 동면 하는 상황도 상상할 수 있다. ⓒNASA

이다. 문제는 행성의 평균온도가 매우 많은 요소 간의 복잡한 상호작용에 의해 결정된다는 것이다. 이미 우리가 봤듯이 가장 주요한 요소는 대기다. 금성은 온실가스로 두꺼운 대기층을 가진 탓에 매우 뜨겁다. 반면, 화성은 매우 얇은 대기층을 가진 탓에 태양열을 잘 유지하지 못하고 매우 춥다. 따라서 행성이 액체 상태의 물을 가질 수 있는지 판단하기 위해서는 별과의 거리가 중요한 요소이긴 하지만, 유일한 요소는 아니다.

보통, 별의 종류에 따라 어느 정도 범위의 거주 가능 영역이 생기는지 알아내려면 지구와 비슷한 조건을 가진 행성이 별과 얼마나 멀리 떨어져 있는지부터 검토해야 한다. 거주 가능 영역 중 별과 가까운 내부 경계는 바닷물이 완전히 증발해 온실효과가 사라지는 지점을 나타낸다. 이 안쪽에서는 과거 금성에서 발생했을 것으로 추정되는 사례와 비슷한 일들이 일어난다. 반대로 외부 경계는 이산화탄소가 더 이상 충분한 온실효과를 일으키지 못해 액체 상태의 물이 유지되기 어려운 지점이다. 물론, 이는 어디까지나 추정이며 지구와 다른 대기 구성을 가진 행성이라면, 물이 액체 상태로 남아 있을 수 있는 거리 한계는 다를 수 있다.

한 가지 덧붙여 말하자면, 생명체의 존재에 필요한 세 가지 요소를 열거했지만, 이것만으로 충분하지 않다. 실제로 행성의 생명체 거주 가능성은 여러 요인이 동시에 들어맞아야 할 뿐 아니라, 또 그 요인들의 복잡한 관계가 최적화돼야 한다. 아쉽지만 우리는 아직 이러한 요소들이 무엇인지 완전히 확신할 수 없다. 태양계 내에서 연구한 사례를 보면, 어떤 다른 요인으로 인해 기후가 갑자기 바뀌거나 생태계가 파괴돼 상황이 재앙적으로 바뀔 가능성 또한 매우 크다.

따라서 이러한 복잡성을 모두 참고해야 한다. 특히, 우리 은하에 잠재적으로 거주 가능한 수백 개의 세계가 존재할 수 있다거나, 잠재적으로 거주 가능한 행성이 발견됐다는 말을 들을 때 더 그렇다. 어떤 행성이 그 항성계 내 거주 가능 영역에 있다는 사실은 꽤 제한적인 정보다. 실제로 생명체가 살 수 있는 세계는 거주 가능 영역과 무관할 수 있다. 더군다나, 생명체의 거주 가능성을 논의할 때 어떤 생명체의 거주 가능성인지 명시하지 않으면 그 말은 특히 제한적이다. 최악의 조건에서 견딜 수 있는 미생물이라면, 우리가 아는 동식물 생명체보다 거주 가능 영역이 훨씬 넓어질 수밖에 없다.

요컨대 '거주 가능성'이라는 개념은 정의하기 어렵고 오해하기 쉽다. 반쯤 농담으로 말하자면, 천문학자들이 "잠재적으로 거주 가능한 행성을 발견했다"라고 말할 때, 이 소식은 재빨리 "거주 가능한 행성을 발견했다"로 받아들여지고, 대중들은 "생명체가 거주하고 있는 행성을 발견했다"로 이해한다.

또 하나의 지구, 지구 2.0

2015년 7월, 케플러-452b(Kepler-452b)로 명명된 외계 행성의 발견이 전 세계 언론과 대중의 관심을 사로잡았다. 일부는 신중하게 이 행성을 지구의 '사촌'이라고 불렀지만, 대부분 '쌍둥이', '제2의 지구', '지구 2.0'이라고 부르길 주저하지 않았다.

이 행성은 NASA 케플러 우주 망원경(Kepler space telescope)으로 (통과법을 활용해) 발견한, 지구와 크기가 비슷한 외계 행성 중 하나였다. 케플러는 거의 10년간 활동하면서(2018년 종료), 50만 개가 넘는 별들을 관측했고, 2,600개가 넘는 행성들을 발견했다. 이 중 많은 행성이 자신의 별 주위 거주 가능 영역에서 궤도를 돌고 있으며, 그중 일부는 지구 크기와 비슷하다. 발견 당시, 케플러-452b는 태양과 비슷한 나이와 크기를 가진 별 주위의 거주 가능 영역에서 공전하는 최초의 외계 행성이었다. 지구보다 약 1.5배 더 크긴 했지만, 당시 알려진 외계 행성 중 지구와 가장 비슷한 행성 중 하나였다. 많은 이들은 이 행성을 다른 생명체를 찾을 수 있는 유력한 행성으로 여겼다. 소셜 미디어의 일부 성격 급한 사람들은 "그래서, 언제 출발하나요?"라고 묻기도 했다.

하지만 짐을 싸기 전에, 도착했을 때 무슨 일이 일어날지 좀 더 깊이 생각해볼 필요가 있다. 케플러-452b의 실제 조건에 관해서 우리는 알고 있는 것이 거의 없다. 현재로서는 아직 질량조차 알지 못하지만, 이론적 모형에 따르면 질량이 지구의 약 5배일 것으로 추정될 뿐이다. 어쨌든, 이 행성이 거주 가능한 영역에 위치한다고 해서 생명체가 존재할 거라고 확언할 수는 없다. 우리가 아는 바에 따르면, 케플러-452b는 열대 낙원일 수도 있고, 금성이나 화성보다 훨씬 더 황량한 세계일 수도 있다.

같은 맥락에서, 지난 몇 년 동안 많은 '잠재적으로 생명체가 거주 가능한' 행성들이 언론의 큰 주목을 받으며 발표됐다.

케플러-452b의 상상도. 지구보다 약 1.6배 더 큰 이 행성은 공전 주기가 385일로 추정되며, 중심 별의 나이는 60억 년으로, 태양보다 약 15억 년 더 오래전에 생성됐다. 이 행성은 거주 가능 영역에서 발견된 최초의 외계 행성으로, 액체 상태 물의 존재 가능성이 높아 대중의 큰 관심을 모았다.

2017년에는 트라피스트-1(TRAPPIST-1) 별 주위에서 지구 크기와 비슷한 7개의 행성이 발견됐으며, 그중 적어도 3개는 거주 가능 영역에 있는 것으로 파악됐다. 그 전해인 2016년에는 태양계와 가장 가까운 별, 프록시마 센타우리(Proxima Centauri) 주위의 거주 가능 영역에서 한 행성이 발견됐다는 소식이 전해지기도 했다. 푸에르토리코 대학교 행성 거주 가능성 연구소(Planetary Habitability Laboratory, PHL)는 지금까지 발견된 잠재적으로 거주 가능한 행성들의 목록을 '지구 유사성 지수(Earth Similarity Index, ESI)'[2]를 기준으로 꾸준히 갱신한다. 지구 유사성 지수는 0에서 1 사이의 수치로, 행성의 반지름과 그 행성이 중심 별로부터 받는 에너지의 양에 근거해 계산된다. 지구 유사성 지수가 1이면, 그 행성이 지구와 같은 크기를 가지며 같은 양의 에너지를 받는다는 것을 의미한다. 예를 들어, 케플러-452b의 지구 유사성 지수는 0.83이다. 현재 가장 높은 지수(0.95)를 가진 행성은 적색 왜성(Red dwarf)[*]인 티가든(Teegarden) 주위를 도는 행성 케플러-1649c다. 트라피스트-1 항성계에 있는 한 행성(트라피스트-1e)은 네 번째로 높은 지수인 0.91로 평가되며, 프록시마 센타우리의 거주 가능 영역에 있는 한 행성(프록시마 센타우리 b)은 0.87의 지수로 평가된다.

그러나 이런 식의 분류에 큰 의미를 부여할 필요는 없다. 이 목록을 작성한 연구자들도 지구 유사성 지수만으로 지구와의 단순 비교를 경계한다. 외계 행성이 지구와 크기나 빛을 받는 양이 비슷하다고 해서 지구와 비슷하다고 말하는 것은, 마치 코히누르(Koh-i-Noor) 다이아몬드가 같은 크기의 유리 복제품과 비슷하다고 말하는 것과 같다. 비슷한 건 사실이지만, 비슷하다는 말이 실질적으로 같다는 의미는 아니다. 특정한 별의 거주 가능 영역에 있는 행성 중 일부는 지구와 비슷한 환경 조건을 가질 수 있지만, 그렇지 않을 수도 있다.

따라서 앞으로 몇 년간, 외계 행성에 대한 추가적인 세부 정보를 얻고, 어느 행성이 진정한 의미에서 생명체가 거주 가능한지를 판단하기 위한 큰 노력이 필요하다. 가장 중요한 일은 이 행성들의 대기에 대한 정보를 수집하는 것인데, 이는 이 행성들을 아주 멀리서 간접적으로만 관측할 수 있는 탓에 매우 어렵다. 가장 유망한 관측은 행성이 중심 별 앞을 지날 때 별빛이 행성의 대기를 통과하면서 어떻게 변하는지를 연구하는 것

● **핵에서 수소를 연소해 에너지를 생성하는 주계열성**(전성기의 별)**의 일종.**
질량이 태양의 약 10~50% 사이로 작아 '왜성(矮星)'이라 불리며, 우주에서 가장 흔하고 오래 사는 별 중 하나다. 작은 질량 때문에 온도가 상대적으로 낮게 유지돼 붉은 빛을 띤다. 이러한 별들은 매우 오랜 시간 동안 안정적으로 에너지를 방출할 수 있으며, 그 수명은 수십억 년에 달할 수 있다. 적색 왜성 주위로 행성계가 형성될 수 있으며, 거주 가능 영역 내 행성은 외계 생명체 존재 가능성을 탐색하는 데 흥미로운 대상이 된다.

이다. 아직 지구 크기의 외계 행성에 대해 이런 종류의 관측을 할 수 있는 단계에 있지 않지만 특별히 개발된 장비들, 대표적으로 제임스웹 우주 망원경(James Webb Space Telescope, JWST)이 다음 몇십 년 동안 원하는 답을 들려줄 가능성이 있다. 외계 행성의 대기 특성을 파악하면 더 정확한 기후 모형을 만들 수 있게 되고, 액체 상태의 물이 존재할 수 있는 조건이 실제로 있는지 이해할 수 있게 된다. 이를 통해 우리는 거주 가능 영역에 근거한 단순한 분류를 넘어서 생명체가 존재할 수 있는 환경은 물론, 실제로 생명체가 존재하는지에 대한 결정적인 단서를 찾을 수 있을 것이다.

그러나 대기는 행성의 생명체 거주 가능성을 정의하는 데 있어 가장 중요한 요소 중 하나이긴 하지만, 이밖에도 고려해야 할 요소가 무수히 많다. 예를 들어, 기술적 한계로 인해 지금까지 발견된 대부분의 잠재적으로 거주 가능한 외계 행성은 태양과는 다른 유형의 별, 즉 우리 은하에서 훨씬 흔히 발견되는 '적색 왜성' 주위를 돈다. 이 별들은 그 이름이 시사하듯이 작고 붉은빛을 띠는 작고 차가운 별들이다. 충분한 빛을 받기 위해서라면, 적색 왜성 주위의 거주 가능 영역에 있는 행성들은 중심 별에 더 가까이 있어야 한다. 이렇게 되면 여러 가지 잠재적인 문제를 일으킨다. 예를 들어, 강한 중력 상호작용 때문에 행성은 항상 같은 면을 중심 별과 마주할 수밖에 없으므로 낮과 밤의 교차가 없다.[*] 한쪽 면은 항상 밝고 다른 면은 영원히 어둡다. 또 적색 왜성은 일반적으로 태양보다 훨씬 더 활동적이기 때문에, 이 행성은 지구보다 훨씬 더 잦고 강력한 바람, 방사선, 폭발에 노출된다. 결국, 적색 왜성 주변의 거주 가능 영역에 있는 행성이 실제로 생명에 적합할지 매우 의문스럽다.

은하 내에서의 위치도 행성의 거주 가능성에 영향을 줄 수 있다. 예를 들어, 별의 밀집도가 높은 은하 중심 가까운 지역에 있는 행성들은 초신성 폭발과 같은 대규모 재해에 더 취약할 수 있다. 그 결과, 거주 가능 영역에 있는 소형 암석 행성의 개체 수가 엄청나게 많을지라도, 실제로 생명체가 거주 가능한 행성은 그중 극히 일부에 불과할 수 있다. 게다가 그중에서도 실제 생명이 존재하는 경우는 더욱 드물 것이다. 우리는 이러한 조건이 무엇인지 이제 막 이해하기 시작했을 뿐이다. 따라서 거주 가능한 행성의 실제 수를 추정하는 것도 매우 신중히 접근해야 한다.

- **조석고정(Tidal locking) 현상.** 어떤 천체가 자신보다 질량이 큰 천체를 공전하며 자전할 때 공전 주기와 자전 주기가 일치하는 경우에 일어난다. 이 경우, 천체의 한쪽 반구는 영원히 자기보다 큰 천체를 향해 마주봐야 한다.

약 20년 전, 막 새로운 외계 행성들이 발견되기 시작했을 때, 고생물학자 피터 워드(Peter Ward, 1949~)와 천체물리학자 도널드 E. 브라운리(Donald E. Brownlee, 1943~)는 지구상에서 동물과 식물 생명체가 영위할 수 있는 여러 동반 조건들, 예를 들어 지질 활동, 판 구조, 강력한 자기장, 풍부한 산소 대기와 심지어 위성의 존재(지구의 자전축을 안정화해 기후를 조절하는 데 기여한 존재) 등을 자세히 소개했다. 워드와 브라운리는 이러한 조건들이 지구 밖 다른 곳에서 일어났을 가능성은 매우 낮다고 결론지었다. 그들은 복잡하고 지능적인 생명체를 유지할 수 있는 지구와 비슷한 행성들이 흔하지 않을 것이라고 예측했다.[3]

'희귀한 지구(Rare Earth)' 가설은 니콜라스 코페르니쿠스(Nicolaus Copernicus, 1473~1543)의 지동설 이후 널리 받아들여진 개념, 즉 지구가 특별할 것 없는 여러 행성 중 하나일 뿐이며 우주 곳곳에 생명체가 살고 있을 거라는 생각과 상당히 대조된다. 사실, 워드와 브라운리의 분석은 결정적인 증거를 토대로 제기한 주장이 아니었으므로 적지 않은 비판을 받았다. 그들의 주장에 나열된 요소들이 모두 거주 가능성에 꼭 필요한 것인지, 또한 다른 행성에서 생명이 존재하기 위해 지구에서 일어난 사건들이 똑같이 일어나야 한다는 가정도 문제가 있다. 우리는 아직 이에 관해 너무 모른다. 이 문제를 해결할 수 있는 유일한 방법은 관측뿐이다. 다행히도 과학적 해결책은 그리 멀지 않은 시기에 찾을 수 있다. 앞으로 수십 년 안에 우주에서 실제로 거주 가능한 세계들이 얼마나 자주 발생하는지에 관해 더 명확한 이해를 할 수 있을 것이다.

그러나 지구가 복잡한 생태계를 지탱할 수 있는 특별한 곳이라고 단언할 수 없지만, 우리에게는 분명히 특별한 곳이다. 우리는 긴 진화의 고리에서 한 부분에 불과하며, 여러 우연한 사건들에 의해 등장했다. 우리는 우리가 살아가는 환경의 독특한 특성에 적응했기 때문에, 계속 존재하기 위해서는 바로 그 특별한 조건이 필요하다. 예를 들어, 지구의 온도나 대기 중 산소 농도가 현재와 달라진다면, 생물권은 적응할 방법을 찾을지 몰라도 우리 인간은 불가능할 것이다.

결국, 생명체에게는 '지구 2.0'이 필요하지 않다. 우리가 외계 행성을 잠재적으로 거주 가능하다고 말할 때, 그것은 인간이 그곳에서 살 수 있을지에 대한 가능성이 아니라, 박테리아와 같은 생물이 생존할 수 있을 가능성을 의미한다. 그러한 생물들은 해당 조건에 적응할 것이므로, 그 행성이 지구와 다르더라도 그들에게는 거주 가능한 곳이 될 것이다. 공상과학 소설은 종종 우주선을 타고 다른 세계에 착륙해 완벽하게 탐험하는 인간 승무원의 모습을 보여준다. 마치 지구의 이국적인 곳에서 탐험하고 정착할 준비가 돼 있는 것처럼. 그러나 이러한 상상은 지극히 인간 중심적인 사고의 잔재일 뿐이다. 왜 다른 행성이 인간에게 적합해야만 하는지에 대한 진짜 이유가 없다. 우리는 우리가 태어난 지구에 적합하게 발전한 종이며, 우리를 만든 정확한 조건이 다른 곳에서 일어났을 가능성은 희박하다. 인류를 위해 준비된 집이 다른 곳에도 있을 가능성은 매우 낮다.

우리가 새로운 외계 행성을 발견하려는 이유는 그곳에 살기 위해서가 아니라, 그곳을 연구하고 우리가 아직 모르는 사실들, 예를 들어 생명이 어떻게 시작되는지, 우주에 퍼져 있는 생명의 분포가 어떠한지, 어떻게 지구를 더 생명이 살기 좋은 행성으로 만들어야 하는지, 또한 한 행성을 불모지로 만드는 원인이 무엇인지를 알기 위해서다. 따라서 모든 새로 발견된 거주 가능한 행성을 지구의 쌍둥이로 보는 것은 근본적으로 헛된 일이다. 거대한 규모의 자연은 생명을 잉태하게 하는 다양한 해법을 찾았을 수 있으며, 우리의 지구가 다른 행성과 어떻게 다른지 탐색함으로써 더 많은 것을 배울 것이다.

아마도 우주에는 생명이 널리 퍼져 있을 것이다. 그러나 인간에게 완전히 적합한 두 번째 지구가 존재할 가능성은 매우 낮다. 어쨌든, 외계 목적지로 이주하고자 하는 인류의 상상력을 실현하고 싶다면, 우주의 광대함이라는 엄청난 장애물을 고려해야 한다.

＼ 요람에서 떠나기

앞서 우주 항공의 선구자 중 한 명인 콘스탄틴 치올콥스키라는 이름을 만났다. 그의 유명한 말은 종종 우주 식민화를 지지하는 이들에 의해 인용된다. "지구는 인류의 요람이지만, 영원히 요람에서 살 수는 없다." 이 말은 마치 수많은 격언처럼 논쟁의 여지가 없어 보인다. 어느 누가 평생을 갓난아기 때 누웠던 침대에서 보내고 싶겠나? 하지만 동기를 불어넣기 위한 이 발언도 사실 검증을 견뎌내야 한다. 우리가 태어난 지구를 떠나려는 정당한 열의가 성공할 수 있는지 알아보기 위해서는 미사여구 너머에 있는 현실과 마주해야 한다. 우리가 당면해야 할 진실은 단순하면서도 동시에 가혹하다. 우주에서의 이동 거리는 무서울 정도로 멀다.

우리 은하에는 태양과 유사한 별 주위를 도는 수억 개의 거주 가능한 행성이 있으며, 그중 가장 가까운 행성은 지구에서 약 18광년 떨어져 있을 거라고 추정된다.[4] 잘 알겠지만, 여기서 광년은 빛(또는 모든 전자기 신호)이 1년 동안 이동하는 거리다. 따라서 18광년 떨어진 행성까지는 빛의 속도(초당 약 30만 킬로미터)로 여행해도 18년이 걸린다. 참고로, 인간이 유일하게 발을 디딘 달까지 빛이 도달하는 데 1초 조금 넘게 걸린다. 태양과 다른 유형의 별 주위를 공전하는 거주 가능한 행성을 생각한다면, 상황은 꽤 나빠진다. 현재까지 알려진 잠재적으로 거주 가능한 행성 중 오직 6곳만이 18광년 이내에 있다(모두 태양과 다른 적색 왜성 주위를 돈다). 이곳들이 우리에게 최적의 장소가 아니라는 뜻이다. 최근 몇 년간 주목받은 일부 가장 유망한 행성은 훨씬 더 멀다. 예를 들어, 트라피스트-1 별의 행성들은 지구에서 41광년 떨어져 있으며, '지구의 사촌'으로 불리는 케플러-452b는 무려 1,800광년 떨어져 있다.

우리가 이미 봤듯이, 태양계에서 가장 가까운 별 프록시마 센타우리의 거주 가능 영역에 프록시마 b(Proxima b)라는 행성이 있다. 현재까지 이보다 더 가까운 거주 가능한 행성은 발견되지 않았다. 그러나 프록시마 b가 실제로 거주 가능하다고 가정하더라도, 그 거리는 여전히 지구로부터 4.2광년이다. 따라서 빛의 속도로 우주선이 비행한다면 그곳에 도달하는 데 4년 이상이 걸린다.[5] 빛의 속도는 넘을 수 없는 한계이므로, 여행 시간을 더 줄일 방법은 없다. 더 멀리 떨어진 행성에 도달하려면 이론적으로 가능한 최대 속도로도 수십, 수백, 수천 년이 걸릴 것이다.

당연한 말이지만, 지금까지 만들어진 모든 우주선은 빛의 속도에 훨씬 못 미치는 속도로 비행한다. 예를 들어, 1977년에 발사된 보이저(Voyager) 탐사선들은 몇 년 전, 40여 년이 넘는 여행 끝에 태양계의 경계에 도달했다. 현재 이들은 약 20광시(Light-hour) 거리에 있다. 다시 말해, 이들의 전자기 신호가 그곳에서 지구까지 도달하는 데 고작 20시간이 걸린다. 태양을 기준으로 한 보이저 탐사선의 속도는 시속 약 6만 킬로미터, 즉 초속 약 17킬로미터다. 이는 우리에게 익숙한 교통수단들에 비하면 엄청나게 빠른 속도지만, 광속의 약 1만 8,000분의 1에 불과하다. 보이저 탐사선이 프록시마 센타우리로 향한다면, 목적지에 도달하는 데 7만 년 이상이 걸릴 것이다. 이는 지구상에 존재했던 그 어떤 문명의 존속 기간보다도 긴 시간이다. 2021년, 파커 태양 탐사선(Parker Solar Probe)이 달성한 우주선 속도 최고 기록인 시속 50만 킬로미터로 비행한다고 해도, 프록시마에 도달하는 데 8,000년 이상 걸릴 것이다.

앞으로 훨씬 더 빠른 우주선을 제작하겠지만, 우리는 빛의 속도까지 도달하지 못할 것이다. 극복할 수 없는 물리적 장애가 존재하기 때문이다. 앞서 봤듯이, 로켓의 최대 속도는 추진 연료의 질량과 그것이 방출되는 속도로 결정된다. 이 결론은 물리학의 기본 원칙 중 하나인 운동량 보존 법칙에서 나온다. 추진 체계는 실제 구현 방식에 상관없이 이 원칙에 따라 작동한다. 이는 우회할 수 없는 한계로, 운동량 보존 법칙, 에너지 보존 법칙, 열역학 제2법칙과 같은 우주의 기본 법칙 중 하나다. 이 사실이 마음에 들지 않는다면, 물리학자가 아니라 우주를 탓해야 한다.

치올콥스키의 이름을 딴 로켓 속도를 계산하는 방정식에는 다소 역설이 있다. 이 방정식은 '요람에서 떠나기'가 얼마나 힘든지 분명하게 보여주기 때문이다. 원래 치올콥스키 방정식은 우주선을 보내기 위해 사용하는 로켓이 왜 그렇게 커야 하는지 설명한다. 로켓은 엄청난 양의 연료를 싣고, 이를 매우 빠르게 방출해야만 지구의 중력을 벗어나는 탈출 속도에 도달할 수 있다. 그런데 이 과정을 자세히 살펴보면, 화학 연료 로켓(지금까지 사용해 온 유일한 유형)만으로 다른 별들에 도달할 수 없다는 진실을 깨닫게 된다.

예를 들어, 일반적인 추진 로켓을 사용해 프록시마 센타우리로 (세상에서 질량이 가장 작은) 양성자 하나를 보내려 한다고 가정해보자. 이미 언급했듯이, 우리가 조작할 수 있는 변수는 추진제가 방출되는 속도와 추진제의 질량 두 가지뿐이다. 화학 연료 로켓의 최대 방출 속도는 아주 넉넉하게 계산해도 초속 약 4킬로미터다. 치올콥스키 방정식에 따르면, 우주의 전체 질량을 추진제로 전환한다고 해도 양성자가 도달할 수 있는 최대 속도는 광속의 1,000분의 1에 불과하다.[6] 즉, 양성자는 4,000년 후에나 프록시마에 도착한다. 그나마 도착 전 속도를 줄이는 데 필요한 추가 연료는 반영하지 않았다.

목성 밖으로, '중력 투석기'

우주선이 태양계의 가장 먼 거리를 여행하고 최대 속도를 달성하는 데 사용되는 중요한 기술 중 하나는 '스윙바이(Swing-by)'라고도 하는 '중력 도움(Gravity Assist)' 항법이다. 이 기술은 우주여행 비용을 절감하면서도 연료 사용을 최소화하는 데 효과적인 방법 중 하나다. 1959년, 소련의 루나 3호(Luna 3)가 달 뒷면을 촬영했을 때 처음 사용됐다. 이 기술의 개념을 최초로 고안한 사람은 1950년대 이탈리아의 기술자 가에타노 크로코(Gaetano Crocco)로, 그는 지구에서 출발해 화성과 금성을 거쳐 다시 지구로 돌아오는 우주여행을 구상했다.

특히 보이저 탐사선들은 태양계 외곽을 향한 탐사에서 이 기술을 효과적으로 활용해 큰 성공을 거뒀다. 초기에는 화학 추진 로켓만으로 목성 너머 외계 행성에 도달하기 어려울 것으로 생각됐으나, 스윙바이 항법은 그러한 한계를 극복하도록 해줬다. 이 기술로 행성의 중력을 활용함으로써 매우 적은 연료로도 먼 거리와 최대 속도를 달성할 수 있었다.

어떻게 작동할까? 기본적인 개념은 매우 간단하다. 예를 들어, 우주 탐사선에 목성 궤도에 도달할 수 있을 만큼만 연료를 채웠다고 가정해보자. 탐사선이 목성에 도착하면 더 이상 나아갈 수 있는 속도가 부족해져, 태양의 중력에 이끌려 다시 돌아오기 시작할 것이다. 이제, 탐사선이 목성의 궤도에 도달할 때 마침 목성이 도착한다고 가정하고, 탐사선이 목성의 뒤를 쫓아가도록 비행 궤도를 설계했다고 해보자. 그 시점에서 탐사선은 목성의 중력에 이끌려 목성으로 떨어질 듯이 가속하기 시작할 것이다. 하지만 비행 궤도가 잘 설계됐다면 충돌을 피할 수 있고, 탐사선은 무사히 목성을 지나칠 수 있다.

처음에는 이 항법으로 얻은 것이 없어 보일 수 있다. 목성으로 떨어지면서 얻은 에너지는 행성에서 멀어지면서 다시 잃기 때문이다. 즉, 우주선이 가속했다가 다시 감속해 속도 변화가 전체적으로 0이 될 것이다. 목성의 관점에서도 우주선이 가속하며 다가오다가 멀어지면서 감속해 결국 초기 속도를 유지하므로, 잃는 것이 없다. 하지만 항성인 태양을 기준으로 보면 상황이 달라진다. 목성은 태양 주위를 초속 약 13킬로미터의 속도로 공전하며, 이동하면서 잠시 우주선을 끌고 간 다음 놓아준다. 즉, 우주선은 행성 근처를 지나면서 행성의 공전 속도를 일부 흡수하게 되는데, 이는 우주선이 목성의 공전 방향으로 추가 속도를 얻는다는 사실을 의미한다. 이 속도는 우주선의 초기 속도와 합쳐져 새로운 총 속도를 만들어낸다. 목성이 마치 투석기 역할을 하는 것이다.

그러면 우주선은 어디서 가속력을 얻을까? 정답은 목성이다. 물리학적으로 보면, 우주선은 목성으로부터 약간의 운동

에너지와 운동량을 '훔친다.' 중요한 점은 목성의 질량이 우주선의 질량보다 훨씬 크다는 것이다. 따라서 목성은 태양을 기준으로 보면 수치상 약간 감속되고 우주선은 목성에 의해 크게 가속된다. 실질적으로, 우주선은 이 접촉을 통해 목성의 공전 속도와 비슷한 속도, 즉 초속 약 10킬로미터가 넘는 엄청난 속도를 챙겨 나온다. 반면에 목성의 감속은 무시해도 될 정도로 작다. 즉, 우주선은 목성을 간지럽히지도 못할 만큼의 미미한 영향을 주는 반면, 목성은 우주선에 엄청난 추진력을 제공한다.[*]

이 모든 것이 복잡하게 들릴 수 있다면, 더 단순한 상황을 상상해보자. 달리는 기차에 고무공을 던진다고 생각해보자. 고무공의 초기 속도는 달리는 기차의 속도에 비해 매우 작고, 질량도 기차의 질량보다 훨씬 작다. 따라서 고무공이 기차에서 튕겨 나올 때 초기 속도보다 훨씬 높은 속도를 얻게 되는데, 이는 대략 기차 속도의 2배에 이른다. 물론, 기차는 충돌의 영향을 거의 받지 않는다. 정교하게 설계된 우주선의 경우 실제로 행성과 충돌하지 않지만, 중력 상호작용은 이와 비슷하게 작동

● **1977년 발사된 보이저 2호 탐사선의 이동 궤적을 보면 쉽게 이해할 수 있다.** 스마트폰 QR 코드로 확인할 수 있다.

한다. 결국, 우주선은 행성과 만난 이후 훨씬 더 큰 속도를 챙겨 나오며, 이를 통해 다른 행성에 도달하고 같은 과정을 반복할 수 있다. 이 모든 과정은 추가적인 추진 연료 없이도 이뤄진다. 여기서 중요한 점은 행성의 궤도와 각 행성에 도착하는 시간을 정확히 계산하는 것이다.

스윙바이 덕분에, 보이저 탐사선들은 행성 사이의 배열을 활용해 태양계의 경계를 넘어서 태양의 중력을 영원히 벗어나는 속도를 얻을 수 있었으며, 이로 인해 인류 최초의 성간 탐사선이 됐다. 현재까지 이와 같은 성과를 낸 탐사선은 파이어니어 10호(Pioneer 10), 파이어니어 11호(Pioneer 11), 뉴 호라이즌스 호(New Horizons)뿐이다.

그러나 아무리 기발한 중력 도움을 활용하더라도 태양계 행성들과의 상호작용만으로는 태양계 밖 다른 별들까지 도달하기 위한 속도를 얻기에 충분하지 않다. 태양계 내 가장 큰 질량을 지닌 천체인 태양을 활용해도 소용이 없다. 이미 태양에 중력적으로 묶여 있기 때문에 이 기술로는 아무런 소득을 얻을 수 없다. 이는 마치 달리는 기차에서 뛰어내려도, 달리는 기차의 속도에 비해 더 빨라지지 않는 이치와 같다. 이론적으로 태양의 질량을 활용해 다른 유형의 항법을 시도할 수는 있다. 이른바 '오베르트 효과(Oberth effect)'를 활용하는 것인데, 이 항법은 중력장 내에서 운동 에너지가 최대치에 도달했을 때 추진기를 점화해 강한 추진력을 얻는 것을 말한다. 그러나 이 방법도 외계 행성에 도달하기 위한 속도를 얻기에는 스윙바이만큼 충분하지 않다.

＼ 성간 여행을 위한 현실적인 기술

결국, 기존의 방법으로 다른 별들을 향해 우주 탐사선이나 인간을 보내는 것은 불가능하다. 그 이유는 여행 기간이 엄청나게 늘어날 수밖에 없기 때문이다. 이 상황을 타개하기 위해 우리가 할 수 있는 선택지는 많지 않다. 무한한 양의 연료를 실을 수 없으므로 추진제의 방출 속도를 높이는 것 말고는 할 수 있는 방법이 없다. 즉, 연료 효율을 극대화하는 방법으로, 이에 관한 유망한 방법 중 하나가 '이온 추진(Ion propulsion)'이다. 여기에 사용되는 추진력은 화학 추진제를 방출하는 것이 아니라, 몇 개의 전자가 제거된 이온(양전하를 띤 원자)을 가속해 생성한다. 강력한 전기 또는 자기장을 활용해 이온을 훨씬 빠른 속도(최대 초속 50킬로미터)로 분사할 수 있다. 즉, 훨씬 적은 추진제 양으로 일반 로켓과 비슷한 추진력을 얻을 수 있다. 이온 추진은 이미 NASA의 돈(Dawn) 탐사선과 앞서 언급한 다트(Dart) 같은 자동 우주 탐사선을 조작하는 데 성공적으로 사용되고 있다. 그러나 이 추진 방식은 우주 공간에서만 사용할 수 있으므로, 여전히 전통적인 화학 로켓을 사용해 우주선을 지구 대기권 밖으로 밀어내야 한다는 단점이 있다. 또한, 이온 추진은 화학 로켓보다 효율적이고 경제적이지만, 현재로서는 달성 가능한 최대 속도가 훨씬 낮다. 따라서 더 강력한 에너지원을 사용하지 않는 한 더 빠른 성간 여행을 기대할 수 없다.

그다음으로 생각할 수 있는 방법은 핵에너지를 사용하는 것이다. 화학적 방식보다 훨씬 더 효과적인 에너지 생성 체계다. 지난 세기 1950년대 말, 물리학자 프리먼 다이슨(Freeman Dyson, 1923~2020)이 이끄는 과학자 연구단체는 원자폭탄의 폭발을 이용해 우주선을 가속시키는 가능성을 검토한 바 있다. 이 연구는 '오리온 계획(Project Orion)'으로 불렸으며, 수백 개의 핵탄두를 우주선 후미에서 주기적으로 폭발시키는 추진 방식을 구상했다.[7] 폭발 충격은 자체적으로 흡수하고, 우주선에 추진력을 전달할 수 있는 특수 구조체를 설계할 예정이었다. 순전히 이론적 측면에서, 이 우주선은 광속의 1,000분의 1에서 10분의 1 사이의 최대 속도에 도달할 수 있다. 기술적으로 가능해진다면 수십 년 안에 프록시마 센타우리에 도달할 수 있다. 이 발상의 장점은 공상과학적 기술이 필요 없다는 것이다. 사실상 이미 구체화할 수 있는 기술이 있으며, 냉전 후 폐기된 핵탄두를 재활용하는 것도 가능하다. 하지만 이 구상에는 간과할 수 없는 문제가 있는데, 그중 하나는 비록 행성 간 공간에서 이뤄진다고 해도 원자폭탄을 사용해야 한다는 위험성이다. 또한, 비용 문제도 존재한다. 아폴로 탐사가 절정에 이르던 1960년대 말 기준으로, 다이슨은 이 계획을 진행하는 데 필요한 비용이 미국의 국내총생산(GDP)의 상당 부분을 차지할 것으로 추정했다.[8] 만약 미국의 경제 성장률이 이후에도 꾸준히 고성장을 유지됐더라면, 감당하지 못할 비용은 아니었을 것이다.

어쨌든 1960년대 이후 오리온 계획은 사실상 중단됐다. 여기에는 우주에서 핵무기 사용을 금지하는 미소 조약도 한몫을 했다. 그러나 핵 추진을 이용한 항성 간 항법은 여전히 이론적 연구의 대상이다. 그 대안으로 떠오른 방법은 폭발이 아닌 제어된 방식으로 핵에너지를 사용하는 것이다. 예를 들어, 1970년대 영국 행성간 학회(British Interplanetary Society, BIS)는 '대달루스 계획(Project Daedalus)'을 통해 (별의 에너지 생성 방법인) 핵융합을 활용할 수 있는지 연구했다. 그들의 목표는 무인 우주선의 속도를 광속의 10분의 1까지 끌어올리는 것이었다. 1980년대, NASA도 '롱샷 계획(Project Longshot)'에서 핵융합 항법을 검토했다. 그러나 이론적으로만 가능할 뿐, 그때나 지금이나 기술적으로 핵융합을 제어해 에너지를 생산할 수 없다. 오늘날 핵발전에 활용되는 핵분열 기술은 충분하지만, 우주선 추진에 쓰기에는 그 효율이 너무 낮다.

또 다른 매우 먼 가능성은 (그리고 공상과학 소설에서 자주 사용되는) 우주선을 물질(Matter)과 반물질(反物質, Antimatter)의 소멸, 이른바 쌍소멸(Pair Annihilation)*을 통해 구동하는 것이다. 이 방법은 이론적으로 가능한 가장 효율적인 물리적 작동 체계가 될 수 있다. 알베르트 아인슈타인(Albert Einstein, 1879~1955)의 유명한 공식인 질량-에너지 등가 원리($E=mc^2$)에 따르면, 질량(m)은 광속(c)의 제곱에 비례하는 에너지(E)로 전환될 수 있다. 광속은 초속 약 30만 킬로미터에 달하는 매우 큰 값이므로, 아주 작은 양의 질량도 엄청난 양의 에너지로 변환될 수 있다. 즉, 매우 작은 양의 '연료'로 큰 추진력을 얻을 수 있다. 이론상으로 광속의 절반 또는 그 이상의 속도에 도달할 수 있다. 그러나 이 이론적 가능성을 실현하려면 수백 킬로그램의 반물질이 필요한데, 불행히도 우주는 모두 물질로 이뤄져 있다. 반물질을 생산하려면 엄청난 비용이 들고 훨씬 더 많은 에너지가 필요하다. 현재 기술 수준으로, 반물질 1그램당 가격은 1조 달러 이상이 필요하고, 25조 킬로와트시의 에너지가 소모

---

* **물리학에서 입자와 그에 대응하는 반입자가 만나 서로 소멸하면서 에너지로 전환되는 현상.** 이 과정에서 질량은 에너지로 완전히 변환되며, 주로 감마선과 같은 고에너지 광자가 방출된다.

될 것이다.[9] 게다가, 이 반물질을 생산하는 데 1,000억 년이 걸릴 것으로 추정된다. 지금까지 지구상의 모든 실험실에서 생산된 반물질은 고작 몇 밀리그램에 불과하다. 그 양으로 끓일 수 있는 것은 기껏해야 차 한 잔이다. 요행히, 모든 반물질을 찾을 수 있다고 해도 반물질을 다루고 저장하는 데도 큰 문제가 있다. 반물질은 일반 물질과 접촉하는 즉시 쌍소멸로 사라지며, 일반 물질도 함께 사라진다. 물론, 물질-반물질 로켓은 당장은 실현 불가능하지만, 먼 미래라면 물리적 원리에 의해 가능해질 수 있다.

지금까지 우리가 살펴본 우주 탐사선이나 우주선은 로켓을 통해 추진되는 방식을 전제로 이야기했다. 따라서 필요한 모든 추진제를 연료통에 싣고 가야 한다. 하지만 다른 추진 체계는 없을까? 적어도 이론적으로 생각해볼 수 있는 두 가지 방법이 있다.

첫 번째는 '버사드 수집기(Bussard collector)'다. 1960년, 물리학자 로버트 버사드(Robert Bussard, 1928~2007)가 제안한 방법이다.[10] 버사드는 우주 공간이 완전히 비어 있지 않으며, 그 안에 비록 밀도는 매우 낮지만 수소 원자들이 존재한다는 점에 주목했다. 버사드 수집기를 갖춘 우주선은 길을 가는 도중에 우주의 수소를 모으고, 핵융합 반응기를 작동시켜 이를 연료로 사용한다. 이 방법이 가능하다면, 처음부터 우주선에 많은 연료를 신고 갈 필요가 없다.

이 발상은 매우 독창적이지만, 깊은 우주에 수소 원자량이 극히 미미하다는 점을 고려해야 한다. 몇 센티미터 부피에 단 하나의 원자만 존재한다. 따라서 흩어져 있는 수소를 모으려면 수집기가 거대해야 한다. 버사드는 우주선 앞부분에 수십 킬로미터에서 수백 킬로미터에 이르는 인위적으로 생성된 거대한 전자기장을 활용한다면 불가능하지 않다고 생각했다. 전자기장이 이온화된 성간 수소를 끌어모아 가속시켜 반응기로 보내고, 반응기는 이를 우주선의 반대쪽에서 매우 빠른 속도로 물질을 분사하는 제트 추진으로 변환하는 것이다. 이론적으로, 이 우주선은 광속에 가까운 속도에 도달할 수 있다. 이런 면에서 버사드 수집기는 공상과학 작가들에게 매우 인기가 많다. 예를 들어, 〈스타트렉〉에 등장하는 엔터프라이즈 호의 엔진 '나셀(Nacelle)' 전면부가 버사드 수집기다. 폴 앤더슨(Poul Anderson)의 소설 《타우 제로(Tau Zero)》에도 이 작동 체계가 활용된 우주선이 등장한다. 그러나 버사드 수집기는 상상의 물질이 필요 없는 이론적으로 가능한 방법이지만, 기술적으로 매우 복잡해 구현하기 어렵다.

그런 측면에서 두 번째 방법은 상당히 흥미롭고 주목해볼 여지가 있다. 바로 '태양 돛(Solar sail)' 혹은 '광자 돛(Light sail)'을 활용하는 것이다.

20년 안에 프록시마에 갈 수 있을까?

이런 종류의 돛은 어떻게 작동할까? 기본 원리는 간단하다. 빛을 구성하는 입자인 광자는 질량이 없다. 그러나 질량이 있는 입자처럼 에너지와 운동량을 전달한다. 따라서 광자가 어떤 표면에 부딪히면, 그 표면에는 '복사압(Radiation pressure)'이라고 불리는 압력이 가해진다. 예를 들어, 전구를 켜고 손을 가까이 대면 전구의 빛으로부터 미세한 압력이 느껴진다. 일상생활에서는 이 효과가 너무 작아 눈에 잘 띄지 않을 뿐이다.

하지만 우주 공간에는 중력을 제외하면 마찰이나 저항이 거의 없다. 따라서 아주 작은 힘이 지속적으로 가해진다면 측정 가능한 영향을 미칠 수 있다. 지구와 태양의 평균 거리를 기준으로, 우주에서 1제곱미터의 표면에 작용하는 태양광의 압력은 지구에서 1밀리그램 무게의 물체가 가하는 무게와 같다. 이 미세한 압력은 우주선의 궤도에 계산 가능한 영향을 미친다. 예를 들어, 화성으로 향하는 우주선은 태양광의 복사압으로 인해 약 1만 5,000킬로미터 정도 궤도를 이탈할 수 있다. 이를 고려하지 않으면 우주선은 목적지에 도달하지 못하고 길을 잃는다.

따라서 태양광은 추진 수단으로서 충분히 가치가 있다. 다만 여기서 주의해야 할 점은 에너지를 생산하는 태양광 패널과

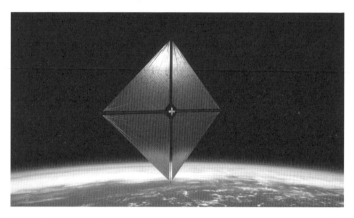

2024년 4월에 발사된 NASA의 ACS3(Advanced Composite Solar Sail System) **태양 돛 상상도.** 약 80제곱미터 넓이의 태양 돛을 장착한 이 실험용 위성은 지구 저궤도 1,000킬로미터 고도에서 활동하며, 로켓 연료 없이 추진력을 얻기 위한 다양한 실험에 활용될 예정이다.

ⓒNASA/Aero Animation/Ben Schweighart

달리 태양 돛은 우주선을 밀어내는 데 사용된다는 것이다. 비록 추진력은 작지만, 매우 큰 장점이 있다. 우주선에 추진제를 실을 필요가 전혀 없기 때문이다. 하지만 이 기술이 작동하려면 돛이 매우 가벼워야 한다. 여기에 더해 완벽하게 반사할 수 있어야 하며 크기도 커야 한다.

2010년, 일본 우주항공연구개발기구(JAXA)의 실험 우주선 이카로스(IKAROS)가 금성으로 가는 과정에서 태양광 추진 수단을 최초로 활용했다. 이 우주선은 한 변의 길이가 약 14미터, 두께가 단 7.5미크론에 불과한 정사각형의 돛을 사용했다.

현재 이와 유사한 많은 기획이 진행 중이며, 향후 몇 년 안에 태양 돛을 사용한 우주선이 태양계 탐사에 다양하게 활용될 것으로 보인다. 미래에는 그래핀과 같은 초경량 소재를 사용해 수백 제곱미터 크기의 돛을 만들 수 있을 것이다. 이 돛은 나노미터 단위의 두께를 유지하면서도 무게는 겨우 1그램에 불과할 것이다.

태양 돛을 적용한 우주선은 매우 가벼운 화물만 운반할 수 있다. 현재로서는 태양 돛을 사람이 탑승하는 우주선에 적용하는 것은 불가능하다. 그러나 이 기술은 프록시마 센타우리로 초소형 탐사선을 보내는 성간 여행 계획인 '브레이크스루 스타샷(Breakthrough Starshot)'[11]에 활용될 전망이다. 현재 개발 중인 이 초소형 탐사선은 무게가 몇 그램에 불과하지만, 우주 임무를 수행하는 데 필요한 모든 전자 장비를 갖추고 있으며, 목적지인 프록시마 센타우리에 도달하는 데 단 20년이 걸릴 것으로 예상된다. 사실 우리는 크기만 다를 뿐 이와 비슷한 물건을 항상 소지하고 다닌다. 바로 스마트폰이다. 스마트폰은 카메라, 컴퓨터, 통신 및 내비게이션 체계, 배터리 등 많은 것을 이미 갖추고 있다. 현재와 같은 발전 속도가 계속된다면 초소형 행간 탐사선은 결코 공상과학의 영역에 머물러 있지 않을 것이다.

그러나 아무리 가벼운 탐사선이라도, 태양광의 압력은 프록시마 센타우리에 도달하기 위한 속도로 태양 돛을 가속하기에 턱없이 부족하다. 여기서 또 다른 개념이 등장한다. 아주 강력하고 집중된 인공 광원, 예를 들어 레이저를 사용하는 것이다. 1960년대에 처음으로 광자 돛을 레이저로 추진해 다른 별들로 여행하는 발상이 등장했고, 1980년대에 물리학자 로버트 포워드(Robert Forward, 1932~2002)에 의해 자세히 연구됐다.[12] 스타샷 계획은 이러한 최신 개념에 기초해 점차 완성도를 높일 계획이며,[13] 향후 한 세대 내에 실행하는 것을 목표로 진행되고 있다.

광자 돛은 지구 대기권을 벗어나자마자 펼쳐지며, 펄스 레이저(Pulse Laser)*에 의해 몇 분 내에 광속 대비 약 5분의 1 속도로 급가속할 수 있다. 이 속도로 이동한다면 탐사선은 20년 안에 프록시마 센타우리 행성계에 도달할 수 있다. 다만 이 목표를 달성하려면 총 출력만 100기가와트가 필요해서, 1제곱킬로미터 면적에 아주 강력한 레이저 배터리를 구축해야 한다. 참고로, 1기가와트는 평균적인 핵발전소가 생산할 수 있는 최대전력이다. 이같이 레이저를 생산하고 발사 시설을 운영하는

---

* **짧은 시간 동안 매우 강력한 레이저 광을 발사하는 장치.** 각 펄스는 일반적으로 나노초에서 마이크로초 단위의 극히 짧은 기간 동안 지속되며, 이 짧은 시간 동안 대량의 에너지를 방출한다.

데는 막대한 비용이 들겠지만, 절대 불가능한 일은 아니다. 또 일단 구축되면 여러 차례 발사할 수 있다. 실제로, 수천 대의 초소형 탐사선을 발사해 최소한 하나라도 프록시마 센타우리에 도착한다면, 자료를 수집하고 지구로 보낼 확률도 그만큼 커진다.

하지만 극복해야 할 난관도 많다. 이처럼 빠른 속도로 발사되는 우주선은 아주 높은 온도와 지구 중력의 1만 배가 넘는 가속도를 견뎌야 할 뿐 아니라, 우주 공간의 미세한 파편이나 먼지와의 충돌로 인해 파괴될 위험도 크다. 그리고 이동 중에 경로를 수정할 수 없으므로 목표물을 매우 정확히 조준해야 한다. 또한, 속도를 줄일 수 없어서 프록시마 별과 그 주위 행성들에 근접했을 때 지나칠 수밖에 없는데, 이동하는 짧은 순간에 자료와 사진을 수집해서 지구로 보내야 한다. 이 시간은 길어야 몇 분에 불과할 것이다. 마지막으로, 자료 전송 자체도 매우 복잡한 문제다. 어떻게 지구에서 관측할 수 있을 만큼 강력하고 정확한 신호를 보낼 수 있을까? 돛을 큰 안테나로 사용하는 방법이 제기됐지만, 이 기술은 아직 실행할 수 있는 단계에 있지 않다.

이 모든 문제는 이미 잘 알려진 것들이다. 실제로 스타샷 계획의 목적은 이러한 문제에 대한 해결책을 찾아내 한두 세대 내에 이 임무를 실현할 수 있도록 하는 것이다. 이 계획에는 초기 연구를 위해 1억 달러를 출자한 억만장자 유리 밀너(Yuri Milner)를 비롯해, 마크 저커버그(Mark Zuckerberg)와 같은 대부호들과 스티븐 호킹을 포함한 세계 최고의 두뇌들이 참여한 것으로 알려져 있다. 그러나 이 계획을 실제로 수행하기 위해서는 수십 년의 연구와 50~100억 달러 사이의 막대한 비용이 필요할 것이다. 그리고 최초의 발사 후에도 목적지에 도달하기까지 20년, 그리고 모든 것이 잘된다면 자료 신호가 지구에 도달하는 데 추가로 4년이 더 걸릴 것이다. 즉, 상황을 아무리 낙관적으로 봐도 오늘부터 적어도 반세기가 걸릴 것이다. 물론, 현실적으로는 훨씬 더 많은 시간이 필요할 것이다.

레이저로 추진되는 광자 돛을 사용해 다른 별로 우주선을 보내는 일은 결코 비현실적인 계획이 아니다. 필요한 기술은 이미 존재하거나 가까운 미래에 실현될 가능성이 크다. 다만 태양계 너머 다른 별에 우주선을 보내겠다는 의지를 갖고, 이에 관한 구체적인 방법을 찾는 사람들이 있다는 것 자체가 더 놀랍다. 우리 생애에 성간 탐사가 시작된다면, 이 방법이야말로 가장 구체적인 선택지가 될 공산이 크다.

광자 돛이 레이저로 추진된다면 비교적 장점이 많고 전통적인 로켓보다 유리할 수 있지만, 여전히 많은 문제가 있다. 특히 초기 추진 후 돛을 조작하거나 제동하는 데 어려움이 있다. 또한, 이 추진 방식을 활용해 중요한 화물을 운반하거나 승무원이 탑승한 우주선을 성간 여행에 사용하는 것도 현재로서는 전혀 상상할 수 없다.

세대 우주선, 우주 방주

우리는 결국 시작점으로 돌아왔다. 우리와 다른 별 사이를 가로막는 거리는 엄청나게 멀고, 여행 시간을 줄일 획기적인 해결책도 당장에 없다. 가장 가까운 행성계의 잠재적으로 거주 가능한 행성에 가는 데만 긍정적으로 봐도 수백 년이 걸릴 것이고, 더 현실적으로는 수천 년이 걸릴 것이다. 그러므로 아주 긴 여행 시간을 고려하면, 지구를 떠나 다른 곳으로 떠나려는 희망이 얼마나 터무니없는지 물을 수밖에 없다.

이런 이유로 공상과학 작품들은 우주여행, 특히 성간 여행의 긴 시간을 극복해보려는 다양한 상상적 대안을 펼쳐낸다. 가장 눈에 띄는 방법은 〈2001: 스페이스 오디세이〉와 모튼 틸덤(Morten Tyldum) 감독의 영화 〈패신저스(Passengers)〉에 등장한 인공 동면(Hibernation), 혹은 가사(假死, Suspended animation) 기법이다. 실제로, 동면 상태에서 승무원은 수년 동안 잠들어 있다가 목적지에 가까워지면 깨어난다. 여기서 등장하는 동면은 자연에서 흔히 일어나는 말 그대로 '겨울잠'으로, 일부 동물

종은 동면하는 긴 기간 동안 대사 기능을 억제함으로써 혹한을 버텨낸다.

그렇다면 동면을 인간에게 적용할 수 있을까? 수십 년, 혹은 수백 년 동안 잤다가 온전한 기능을 유지한 채 늙지 않고 깨어날 수 있을까? 오늘날 우리가 아는 바로는, 불가능하다. 자연에서 동면하는 동물의 사례는 흔하지만, 그것은 고작 몇 달 동안일 뿐이고 대사 기능을 완전히 멈추는 것이라기보다 그저 잠에 가깝다. 인간에게 동면과 유사한 상태를 볼 수 있는 경우는 '치료적 저체온' 상태일 때뿐이다. 의료 용도로 며칠 동안 산소 요구량과 대사를 줄이는 것이다. 이런 측면에서 NASA는 몇 달간 지속되는 화성 여행 동안 인위적으로 저체온을 유도할 수 있는지 연구하기도 했다. 체온을 약 10도 낮춰 대사량을 약 50퍼센트 수준으로 감소시킴으로써 여행 과정에서 필요한 식량 부담을 줄이는 것이 그 목표다. 이 방법이 실제로 작동할 수 있을지는 증명되지 않았지만, 최소한 성간 여행의 긴 시간에는 전혀 도움 되지 않을 것이다.

동면 기술이 미래에 실현될 수 있다고 하더라도, 우주선의 자동 조종 장치가 인간의 개입 없이 완벽하게 작동해야 한다. 이런 일이 현실에서 일어날 거라고 상상하기 어렵다. 결국 동면은 공상과학의 참신한 발상일 수 있지만, 실제로 적용될 가능성은 거의 없다.

우주여행에 관한 조금 더 현실적인 발상이 있기는 하다. '성간 방주(Interstellar Ark)'또는 '세대 우주선(Generational Spaceship)'이라 불리는 우주선이 그것이다. 이 개념은 거대한 우주선을 건설해 수많은 인간을 수용할 수 있다는 전제에 기초한다. 이 우주선은 자급자족이 가능한 작은 공동체다. 오늘의 거대한 우주 거주구와 비슷하지만, 이동이 가능하다는 점에서 다르다. 이 우주선을 통한 여행이 특이한 점은 한 세대가 아니라 여러 세대에 걸쳐 이뤄지며, 최종 목적지에 도착할 때면 출발한 사람들과 다른, 그들의 후손들이 그 자리에 있게 될 거라는 것이다. 이미 앞서 우주 거주구에 관해 언급했듯이, 이런 종류의 우주선을 만드는 일은 매우 어렵다. 하지만 먼 미래에 이와 비슷한 우주선을 만들지 못하리라는 법은 없다. 만약 다른 행성계에 도착하는 일이 일어난다면, 이 방법으로 실현될 가능성이 크다.

그러나 이 우주선의 탑승권은 돌아오지 못하는 편도 탑승권일 것이다. 탑승객들은 다시는 지구를 보지 않을 작정으로, 출발하기 전에 이 여행이 정말 가치가 있는지 숙고해야 한다. 또한, 가고자 하는 목적지가 인간이 정착해 생존할 수 있는지도 확신해야 한다. 일반적으로, 우리가 화성 식민화에 관해 논의할 때 제기된 질문이 이 경우에 더 극단적인 형태로 다시 등장한다. 그런데 과연 누가 이런 여행을 감행할 것이며, 또 인류가 실제로 얻을 수 있는 이익이 무엇일까? 이미 앞에서 봤듯이, 머나먼 별 주위를 도는 행성이 인간이든 여느 지구 생명체든 그들이 살 만한 곳인지 관측을 통해 판단하는 것은 매우 어렵다(사실상 거의 불가능하다). 더 나쁜 가능성은, 그 행성에 이미 다른 생명체가 존재하고 있을지도 모른다는 점이다. 이는 도덕적인 문제까지 일으키며 상황을 꽤 복잡하게 만들 것이다. 도착할 곳이 어떤 곳인지 모른 채 떠나는 일은 그 의도가 절망에서 비롯된 자포자기가 아니라면 정말 어리석은 일이다. 현실적으로, 세대 우주선은 무인 탐사대가 목적지 행성의 생존 조건을 먼저 확인한 후에나 구성될 수 있다. 하지만 이조차 여러 세대에 걸쳐 아주 긴 시간이 필요하다.

여기에 더해, 세대 우주선은 우리가 앞서 논의한 우주여행과 관련한 모든 위험을 극복할 수 있도록 설계돼야 한다. 우주 방사선, 충돌, 고장, 통신 불량, 장기적 합숙에 따른 문제, 의료적 비상상황 등을 효율적으로 제어해야 한다. 하지만 이 위험들은 태양계 밖에서 훨씬 더 심각한 형태로 나타날 것이다. 여행자들은 기나긴 여정 동안 완전히 고립될 것이므로, 최적의 생식 능력을 위해 출발할 때 충분한 유전적 다양성도 확보해야 한다. 예고되지 않은 사고나 질병으로 인구가 예측할수 없이 줄어들 수도 있다. 적정한 공동체 수가 유지되지 않으면 비행 자체가 불가능해진다. 일부 추정에 따르면, 세대 우주선의 최소 승객 수는 수천 명이어야 한다. 수백 년 동안 모든 승객을 유지할 수 있는 자급자족 가능한 생물권을 관리한다는 것 또한 그 자체로 이미 큰 도전이다. 추가적인 자원을 확보하거나 외부 지원에 의존할 수 없다는 점에서 신빙성이 시험대에 오를 것이다.

　매우 중요하고 복잡한 윤리적 및 사회적 문제들도 헤쳐나가야 한다. 공동체는 충분한 사회적 결속력과 일치된 견해가 유지돼야 하며, 후손들에게 정보, 가치 및 공동체 목표를 공유할 체계를 갖춰야 한다. 이는 지속 가능하고, 가능하다면 합의에 따른 정부 형태와 사회적 구조를 채택해야 한다는 것을 의미한다. 이 모든 것이 현실적으로 가능한지, 또 인간 본성과 궤를 같이할 수 있을지는 전혀 장담할 수 없다. 특히 후손 세대가 필연적으로 앞선 세대들과 다른 동기를 가질 수 있다는 점을 생각하면 더욱 그렇다. 사회적 조직 형태는 시간이 지나면서 발전하며, 개혁뿐만 아니라 갈등과 혁명에 맞닥뜨리고 때에 따라 완전히 붕괴될 수 있다. 별다른 변화를 기대할 수 없는 좁고 고립된 환경이라면, 정신 건강에도 취약한 환경일 수밖에 없다. 이 모든 문제는 결국 중요한 질문들을 다시 던지게 만든다. 과연 특정 세대가 세대 전체의 미래를 결정하는 것이 공정할까? 그리고 후손 세대가 그 선택에 관여할 수 없다는 것을 어떻게 봐야 할까? 게다가 중간에 태어난 사람들은 지구는 물론 목적지 행성도 보지 못하고 죽을 운명에 놓일 수 있다. 이런 불확실한 미래를 어떻게 받아들일 수 있을까?

공상과학 작품에서는 이러한 문제들을 자주 다룬다. 〈배틀스타 갈락티카(Battlestar Galactica)〉 시리즈와 로버트 A. 하인라인(Robert A. Heinlein)의 중편소설 《유니버스(Universe)》는 세대 우주선을 배경으로 이야기가 전개된다. 특히 《유니버스》에서는 우주선 승무원들이 여행의 이유와 최종 목적지를 잊고, 선상 반란으로 인해 임무 관리자들이 사망한 후 여러 파벌로 나뉘어 대립하는 모습이 그려진다. 이 사회에서 사람들은 기술적으로 후퇴해 우주선이 유일한 세상이라고 믿는다.

장기간의 성간 여행은 또 다른 문제를 일으킨다. 우주선 추진 기술이 꾸준히 발전한다고 가정할 때, 먼저 출발한 세대 우주선이 훗날 개발된 더 빠른 우주선에 의해 추월당할 수 있다. 수백 년 동안 여행하고 목적지에 도착했을 때, 훨씬 나중에 출발한 인류가 먼저 도착해 새로운 행성을 이미 점령한 사실을 알았을 때 실망감은 이루 말할 수 없을 것이다. 게다가 이들은 더 편안하고 빠르게 여행했을 뿐만 아니라, 더 발전된 기술을 보유했으며, 더 많은 것을 알고, 먼저 떠나고 늦게 도착한 이들을 옛날 사람들로 여길 것이다.

이러한 역설적인 상황 때문에 일부 과학자들은 먼저 여행을 떠나는 일이 항상 비합리적이라고 주장하기도 한다. 늦게 출발하는 이들이 언제든지 추월할 위험이 있기 때문이다.[14] 그러나 다른 이들은 기술 진보가 가까운 항성계로의 여행 시간을 크게 줄이지 못할 것이라는 최적의 대기 기간(Optimal waiting period)*이 있을 거라고 주장한다. 예를 들어, 우리 태양과 '거의' 6광년 떨어진 바너드 별(Barnard's Star)을 목적지로 삼고, 우주선의 최대 속도가 100년마다 2배 수준으로 개선된다고 가정하면, 약 700년 후에는 여행을 시작한 뒤 100년 만에 도착할 수 있다고 계산된다.[15] 그 전이나 후에 출발한다고 해서 도착 시간을 앞당길 수는 없으며, 어차피 최소 800년은 걸릴 것이다.

일반적으로, 성간 탐사와 같은 거대한 계획은 기술이 더 발전하고 비용이 줄어들 것이라는 기대 때문에 미루는 것이 더 나은 방안으로 여겨진다. 과거에는 모든 것이 느리게 변하고 세대가 바뀌어도 변화가 크게 느껴지지 않았기 때문에, 예를 들어 1977년에 발사된 보이저 탐사선의 태양계 외곽 탐사 임무처럼 수십 년이 걸릴 것으로 예상되는 계획은 일찍 시작하는 것이 중요했다. 그러나 모든 것이 급격하게 변하는 대가속 시

• **기술이 특정 수준에 도달해 다음 수준에 이르기까지 대기하는 시간.** 이를 제기하는 과학자들에 따르면, 이 기간을 정확하게 계산했을 때 더 나은 기술을 활용해 여행 시간을 단축하고 자원을 절약할 수 있다.

대로 접어들면서 이 같은 장기적인 전략은 덜 합리적인 것으로 여겨지게 됐다. 특히, 몇 세대에 걸쳐 마무리될 수 있는 탐사에 착수하는 것은 임무가 완료되기 전에 이미 구식이 될 위험이 있으므로, 그 동기가 상당히 약해졌다. 이 논리는 성간 여행뿐만 아니라, 여러 세대에 걸쳐 진행되는 모든 큰 우주 계획에도 적용된다.

＼ 빛의 속도로 날아갈 때 일어나는 일

앞서 살핀 내용들은 다른 항성계로의 도달이 사실상 실현 불가능하다는 것을 확인시켜주는 것들이다. 물론, 빛의 속도에 가깝게 다가설 수 있다면 상황이 달라질 수 있다. 이 경우 절대적인 여행 시간은 크게 줄어든다. 그러나 지구에 남은 사람들의 관점에서는 여전히 수십 년이 걸릴 것이다. 반면, 우주선에 탑승한 사람들이 겪는 상황은 다르다. 아인슈타인의 특수상대성이론(Special Theory of Relativity)에 따라, 빛의 속도에 가까운 속도로 이동하는 우주선의 승객들은 여행에 걸리는 시간이 지구에 남은 사람들이 측정하는 시간보다 상대적으로 짧게 느껴질 것이다. 따라서 목적지에 도달하는 데 한 세대 이상 걸릴 필요가 없다. 물론 여행자들이 지구로 돌아오게 된다면, 지구는 이미 수 세기가 지나 있을 것이고, 그들은 새로운 사회에 적응하는 데 상당한 어려움을 겪을 것이다. 이 주제는 폴란드 작가 스타니스와프 렘(Stanislaw Lem)의 공상과학 소설《우주에서의 귀환(Return from the Universe)》에서 중점적으로 다뤄진다.

그렇다면, 빛의 속도로 움직이는 우주선으로의 여행은 결국 돌아오지 못하는 여행이 된다. 사실상 그 승객들은 영원히 우주의 나머지와 단절될 것이다. 외부와의 의사소통조차 거의 불가능할 것이며, 모든 교환이 빛의 속도로 이뤄지더라도 절망적으로 느릴 것이다. 요청을 보내고 답변을 받는 데 수십 년이나 수 세기가 걸릴 것이다. 또한, 우주의 나머지 부분과의 시간적 연속성을 공유하는 방법은 없을 것이다. 각 우주선의 시간은 다른 우주선과 행성들의 시간과 다를 것이다. 〈스타트렉〉에서 볼 수 있는 것처럼 은하 문명이나 행성 연방을 세우는 일은 절대적으로 불가능하다.

빛의 속도에 가까운 우주선은 결국 공상과학 작품에서나 볼 수 있을 것이다. 이는 기술적 한계만이 아니라 기본 물리 법칙에 따른 에너지 차원의 문제 때문이다. 예를 들어, 1톤의 화물을 광속 대비 10분의 1까지 가속하는 데 필요한 에너지는 현재 전 세계 에너지 생산량과 맞먹는다. 이는 아무리 긍정적으로 봐도, 즉 모든 에너지를 추진력으로 사용할 수 있다고 가정했을 때 할 수 있는 이야기다. 현실에서는 에너지가 훨씬 더 필요할 것이다. 게다가 이 모든 에너지를 우주선에 채우거나 여행 도중에 수집해야 한다.

상황을 더 절망적으로 만드는 것은 빛의 속도에 가까워질수록 에너지 요구량이 더욱 늘어난다는 사실이다. 실제로 빛의 속도에 도달하기 위해 필요한 에너지는 말 그대로 무한대에 이른다. 마법처럼 무한한 에너지원이 존재한다고 가정해도, 우리는 그 목표를 달성할 수 없다. 이 한계는 작은 입자를 가속 충돌시켜 에너지를 만드는 입자 가속기(Particle accelerator) 실험에서 다양하게 검증됐다. 실제로, 양성자와 기타 아원자 입자들은 빛의 속도에 거의 가까워질 수 있지만, 이 극한을 넘어서는 것은 불가능하다는 것이 확인됐다.•

사실, 광속에 가까운 속도로 이동할 수 있다고 해도 우주 항법에 심각한 문제를 일으킬 것이다. 속도를 높이는 것만큼 속도를 줄이는 것도 에너지가 많이 든다. 따라서 방향을 바꾸는 것도 매우 복잡해질 것이다. 그러한 빠른 속도 변화에서 발생하는 압력을 견딜 수 있는 구조나 재료를 상상하기 어렵다.

• **특수상대성이론에 따르면, 물체의 속도가 빛의 속도에 접근할수록 그 질량은 증가하고 이에 필요한 에너지도 무한히 커진다.** 입자 가속기 실험을 통해 양성자와 같은 아원자 입자들을 빛의 속도에 가깝게 가속시킬 수 있다는 것이 입증됐으나, 물리 법칙에 따라 빛의 속도를 완전히 달성하는 것은 불가능하다는 사실이 밝혀졌다.

또한, 작은 물체와의 충돌조차도 재앙적인 결과를 초래할 수 있다. 몇 그램의 물질과 충돌할 때 발생하는 에너지가 핵무기와 맞먹을 것이다.

그러나 문제는 여기에서 그치지 않는다. 앞서 살펴본 것처럼, 성간 공간은 완전히 비어 있지 않고 매우 낮은 밀도로 원자와 이온이 존재한다. 광속에 가까운 속도로 이동하는 우주선은 매우 큰 에너지 입자들로부터 거센 폭격을 받을 것이며, 결과적으로 몇 초 만에 치명적인 수준의 방사선에 노출될 것이다. 이는 마치 전력을 최대로 끌어올린 입자 가속기 안에 들어가는 것과 같이 위험하다. 그뿐만 아니라, 이러한 유형의 방사선은 전자 장비에도 장애를 일으킬 수 있으며, 완벽히 자동화된 탐사선에도 심각한 문제를 일으킬 것이다. 사실, 성간 매질과의 마찰로 발생하는 열로 인해 우주선과 그 안의 승객들은 금방 녹아내릴 것이다. 이런 점을 고려하면 빛의 속도는 물론이고, 그 속도에 조금이나마 가까워지는 것조차 사실상 불가능하다는 결론에 도달할 수밖에 없다.[16]

물리 법칙과 우주의 작동 방식이 지닌 한계에도 불구하고, 일부 사람들은 여전히 빛보다 빠른 속도로 여행할 수단과 가능성을 집요하게 모색했다. 아인슈타인의 일반상대성이론(Theory of Relativity)은 오늘날 우리가 가진 중력과 시공간에 대한 최고의 해석으로서, 몇 가지 가능성을 열어두고 있다.

그 가능성 중 하나는 이른바 '웜홀(Wormhole)'이다. 이는 우주의 두 먼 점을 연결하는 시공간의 단축 경로로, 터널이나 동굴을 떠올리면 된다. 웜홀의 입구로 들어가면, 아무리 먼 거라 할지라도 거의 즉시 우주의 다른 출구로 나올 수 있다. 지난 세기 1980년대에 노벨상 수상자 킵 손(Kip Thorne, 1940~)과 그의 동료들은 안정적으로 통과할 수 있는 웜홀의 존재가 물리 법칙에 위배되지 않는다는 사실을 증명했다.[17] 그러나 실제로 웜홀이 존재하거나 인공적으로 만들어 성간 여행에 활용될 수 있다고 생각하는 것은 매우 성급하다. 킵 손은 영화 〈인터스텔라〉에서 우주의 통로 개념을 성공적으로 구현하긴 했지만, 그런 일이 현실에서 일어날 가능성은 거의 없다고 공개적으로 일축했다.

또 다른 이론적 가능성으로는 〈스타트렉〉 시리즈에서 유명해진 '워프 드라이브(Warp drive)'를 구현하는 것이다. 1990년대, 이론물리학자 미겔 알큐비에레(Miguel Alcubierre, 1964~)는 이 개념이 원칙적으로 물리 법칙에 부합한다는 사실을 증명했다.[18] 원칙적으로 이 개념은 아인슈타인의 상대성이론이 설정한 한계를 우회할 수 있다. 일반상대성이론에 따르면, 빛의 속도를 초과하는 이동은 불가능하지만 시공간 자체의 팽창은 이보다 빠를 수 있으므로, 워프 드라이브는 시공간을 왜곡해 이론상 빛의 속도를 초과하지 않으면서도 실제로는 광속 이상의 속도로 이동할 수 있게 한다. 예를 들어, 우주의 팽창으로 인해 두 은하는 빛의 속도보다 더 빠르게 서로 멀어질 수 있으며, 이는 일반상대성이론에 저촉되지 않는다. 알큐비에레에 따르면, 우주의 급속한 팽창은 파도가 서핑하는 사람을 밀어내듯이 우주선을 밀어낼 수 있다. 실제로 우주선은 공간의 거품 안에서 거의 정지해 있지만, 이 거품은 매우 짧은 시간에 먼 지점에 이를 수 있다. 이때 그 어떤 속도 제한도 적용되지 않는다.

알큐비에레가 착안한 이 개념은 우주 탐사 애호가들 사이에서 열정적인 반응을 불러일으켰다. 하지만 현재 이 모든 것은 수학적 방정식 몇 개에 불과하다는 점을 명확히 이해해야 한다. 이런 이론적인 '엔진'은 어디에도 존재하지 않으며, 그것을 만들기 위한 현실적인 방법도 없다. 여기에 방정식이 정확하다는 보장도 없다. 그런 탓에 지난 수십 년 동안 이 개념은 수많은 비판과 재검토를 요구받았다. 아큐비에레의 가설은 이론적으로는 가능하나, 원하는 결과를 얻는 데 필요한 물리적 조건이 현재로서는 없다. 어쨌든, 이 가설이 이론적으로 정확하다고 하더라도, 이를 실현할 구체적인 방법이 없다. 실제 세계에서 전혀 찾아볼 수 없는 특이한 형질의 물질이나 에너지의 존재가 필요하다. 결국, 워프 드라이브는 공상과학 작가들이 별들에 도달하기 위해 떠올린 다른 해결책들보다는 조금 더 그럴듯해 보일 수 있지만, 실제로 실행될 전망이 없다. 〈스타트렉〉의 세계로 돌아가자면, 이는 순간이동(Teleportation)과 거의 같은 수준의 현실성을 가진다. 즉, 가능성이 전혀 없다.

더 현실적으로 말하자면, 인간이 다른 별에 도달하겠다는 꿈은 아마도 영원히 판타지의 세계에 갇혀 있어야 할 것이다.

에
필
로
그

기술은
'물리의 한계'를
우회할 수 없다

미래에 무언가 할 수 있거나 할 수 없는 일들을 상상할 때, 종종 예상치 못한 혁신들이 불러일으키는 돌발적인 변화를 고려하지 않는 오류를 범하곤 한다. 실제로, 인류의 최근 과거를 돌이켜 보면 진보의 속도는 가히 놀랍다. 겨우 한 세기 전 인류는 첫 비행으로 힘겹게 땅 위로 날아올랐으나, 아직 대양을 횡단하지 못했다. 몇십 년 후, 대륙 간 비행은 일상이 됐고, 인간은 최초로 지구 대기를 벗어나 지구 중력이 미치지 않는 다른 천체 위를 걸었다. 오늘날 우리는 우리의 증조부모들이 상상할 수 없는 기술적 능력을 지니게 됐다. 갈릴레오 갈릴레이(Galileo Galilei, 1564~1642)는 물론, 로마제국의 마르쿠스 아우렐리우스(Marcus Aurelius, 121~180), 더 멀리 고대 그리스의 파르메니데스(Parmenides) 같은 인류는 말할 것도 없다. 그러자면 수십 년, 수 세기, 심지어 수천 년 후 우리의 후손들도 마치 마법처럼 느껴질 정도로 고도로 발전된 지식과 도구를 갖출 것이라고 상상하는 것이 합리적이다. 아서 C. 클라크가 말했듯이 "충분히 발전된 기술은 마법과 구분할 수 없다."

그러나 우리라는 존재가 통제할 수 없는 질서가 존재하는 우주에 살고 있다는 사실을 기억해야 한다. 월트 디즈니(Walt Disney)의 "꿈꿀 수 있다면, 꿈을 이룰 수 있다"는 명언이 모든 것에 통하는 건 아니다. 예를 들어, 빛의 속도를 넘어설 수 없다는 것은 일시적인 기술적 한계가 아니라 현실의 질서 중 하나다. 에너지 보존 법칙처럼, 우리는 빛의 신호보다 더 빠르게 공간의 한 지점에서 다른 지점으로 이동할 수 없다. 이러한 한계는 우리 문명의 발전 단계와 전혀 무관하다. 그것은 자연의 구조 자체의 일부로서, 우리가 할 수 있는 일이라고는 정해진 한계 내에서 최대치를 얻기 위해 기발한 해결책을 찾는 것뿐이다.

물리 법칙이 우리에게 비교적 자유를 허용하는 영역에서도, 장기적으로 무한한 진보의 행보를 방해할 수 있는 여전히 불분명한 자연적 한계가 존재한다. 이런 종류의 한계는 생물의 성장 법칙에서도 찾아볼 수 있는데, 생물은 초기에 빠르게 성장한 후 일반적으로 크기가 안정화되고, 죽을 때까지 그대로 유지된다. 마찬가지로 특정한 영역, 예를 들어 샬레 안에 갇힌 박테리아 군집도 비슷한 경향을 보인다. 이들은 가용 자원을 모두 소진할 때까지 가속화된 속도로 성장하다가 결국 붕괴된다. 이 같은 생물학적 체계를 설명하는 수학적 규칙성은 물리 법칙만큼 보편적이다. 예를 들어, 동물의 질량과 수명 사이에는 일관된 상관관계가 있다. 작은 동물은 일반적으로 수명이 짧고 심장 박동수가 빠르다. 비록 종에 따라 차이가 있을 수 있지만, 많은 동물들은 태어나서 죽을 때까지 심장이 대략 10억 번 뛴다.[1] 이 법칙에는 마법이나 신비로움이 전혀 없다. 우리는 수십억 개의 세포로 구성된 통생명체(Holobiont)이며, 상호 의존적으로 작동하는 복잡한 부품이 모인 체계다. 우리는 우리에게 부여된 정확한 의무를 지켜야 한다.

복잡한 체계를 연구하는 과학자들은 사회 경제적 망, 즉 문명, 도시, 기업과 같은 것에서도 비슷한 법칙을 발견했다. 그러나 생물과 달리, 사회적 망은 초기 빠른 성장과 이어지는 정체 후에 발생하는 붕괴를 피할 수 있다. 여기에는 추가적인 변인이 작용하는데, 바로 혁신이다. 혁신은 기술 등이 쇠퇴가 시작될 것 같은 순간에 새로운 시작을 가능하게 하는 변화를 일으킬 수 있다. 성장, 위기, 혁신, 재시작의 체계는 현대에 들어서 항상 효과가 있었으며, 인류 문명의 진보가 무한할 수 있다는 느낌을 줬다. 그러나 대가속의 시대에는 혁신의 속도도 가속해야 한다는 점을 명심해야 한다. 점점 더 빈번하고 복잡해지는 위기에 대응하기 위해서는 기술적 전환 사이의 시간이 점점 짧아져야 한다. 이러한 과정이 끊임없이 계속될 수 있다고 보는 것은 비현실적이다. 실제로 수많은 수학적 모형은 그 정반대 쪽으로 향하고 있다.

1972년, 마지막 우주인들이 달에서 떠나던 해에 지구적 유한성에 관심을 가진 학자들로 구성된 '로마 클럽(Club of Rome)'은 〈성장의 한계(The Limits to Growth)〉라는 보고서를 발간했다.[2] 이 보고서는 컴퓨터 시뮬레이션을 통해 자원이 한정된 상황에서 경제와 인구 성장이 미래에 어떤 결과를 일으킬지 예측했다. 또한, 모든 것이 그대로 진행된다면 우리 문명이 향후 100년 이내에 급격히 붕괴할 것이라고 결론지었다. 붕괴를 피하는 유일한 방법은 가능한 한 빨리 고성장 중심의 기조에서 경제적 및 사회적 안정 중심의 기조로 바꾸는 것이었다. 더욱이 이는 넓은 범위의 복지와 지속 가능한 환경이 조화롭게 공존해야 한다는 전제가 깔려 있었다.

이 보고서의 결론은 지난 50년간 폭넓게 논의되고 비판받았다. 가장 논쟁적인 부분은 혁신의 역할, 즉 지속적인 기술적 진보가 에너지 효율성을 극대화하고 환경 파괴와 자원 사용을 극적으로 줄일 수 있는가에 대한 의구심이었다. 최근 수십 년의 자료와 더 현실적인 변수가 더해져 과거보다 개선된 미래 시뮬레이션이 여러 차례 이뤄졌다.[3] 그러나 대체로 그 결론은 꽤 확고하다. 1972년의 이 예측은 오늘날까지 흘러온 상황과 대체로 일치한다. 무한정 계속되는 가속화된 성장으로 활로를 찾는 것은 불가능해 보인다. 지금의 기조가 계속된다면 결국 쇠퇴나 더 나쁘게는 붕괴로 이어질 것이다. 인류의 장기적인 생존을 보장할 수 있는 유일한 각본은 기술적 진보뿐 아니라 인구 성장과 에너지 소모의 속도를 늦추는 사회적 변화가 불가피하다는 것이다.

＼ 별들로 향하는 사다리

무한한 진보라는 꿈은 더 이상 받아들여지기 어려운 상황에 놓였다. 우리는 천천히 지구의 자원과 우리 문명의 폐기물을 감당할 수 있는 한계가 무한하지 않다는 사실을 인정하기 시작했다. 하지만 가능한 한 많이 번식하고 점점 더 넓은 영역을 차지하려는 인류를 포함한 모든 종의 생물학적 본능을 극복하는 것은 어렵다. 어떤 이들은 이러한 무한 확장의 꿈이 언젠가는 우리의 지구를 넘어서 실현될 수 있다고 믿는다. 과거에 그랬던 것처럼 계속 성장하며, 지구 밖에 있는 더 넓은 공간과 서식지를 점유하고 필요한 자원을 다른 곳에서 찾을 수 있을 거라고 기대한다. 우주와 다른 세계에 대한 식민화는 우리가 이미 당면했고 또 앞으로 당면할 위기에서 벗어날 훌륭한 탈출구가 될 수 있고, 인류의 긴 미래를 보장할 최후의 수단이라는 것이다. 비록 영원하지 않을지라도 지속적인 상황이 펼쳐질 수 있다. 그러나 나는 개인적으로 이것들이 현실적인 선택지라기보다 공상과학적인 허구라고 믿으며, 그 이유를 설명하려고 했다. 마법처럼 지구를 떠나는 일이 갑자기 실현 가능한 길이 된다고 해도, 이 방법만으로는 우리를 구원할 수 없다. 오늘날 인구 증가율과 자원 소비율을 그대로 이어간다면, 빛의 속도로 우주로 뻗어 나가서 만나는 모든 항성계를 식민지화한다 해도, 몇천 년 안에 점령할 행성이 부족해지는 상황에 빠질 것이다.[4]

기술적으로 진보된 외계인들이 자신들 세계의 한계를 극복하기 위해 우주를 정복한다는 식의 이야기는 공상과학의 가장 오래된 단골 소재였다. 그런데 이런 식의 이야기는 외계 생명체 탐사에 관한 과학적 논의에도 상당한 영향을 미쳤다. 놀라운 우주 시대가 곧 열릴 것만 같았던 지난 세기 1960년대, 과학자들은 우주에 지능적인 종이 가득 차 있을 거라고 믿었다. 단순히 다른 별을 향해 안테나를 돌려 그들의 라디오 통신을 가로채면 그 존재의 흔적을 발견할 수 있을 거라고 진지하게 여기기 시작했다. 그 시절은 〈2001 스페이스 오디세이〉와 〈스타트렉〉에 열광하던 시대였으며, 과학자와 공상과학 작가 모두 인류의 현재 상태를 수만 년 전에 시작된 끊임없는 진화 과정의 한 장으로 이해하던 시대였다. 훨씬 더 위대한 변화와

진전의 전주곡일 뿐이었다. 만약 그 속도로 계속 발전한다면, 인류는 곧 훨씬 더 진보된 문명의 은하 클럽에 가입할 거라고 확신했다.

그 무렵, 1964년에 열린 우주 지적 생명체 탐사에 관한 여러 회의 중 하나에서 소련의 천문학자 니콜라이 카르다쇼프(Nikolai Kardashev, 1932~2019)는 점점 더 많은 에너지를 소비하는 것이 문명의 발전 정도를 나타내는 가장 명백한 지표라고 주장했다. 카르다쇼프의 분류 척도상 가장 낮은 단계인 제I유형의 문명은 자신들의 행성에서 이용 가능한 모든 에너지를 제어하고 사용할 수 있다. 그다음 제II유형의 문명은 자신들의 원래 세계의 자원은 고갈시키지만, 자신들의 항성계 전체 에너지를 활용하고 행성계를 식민화할 능력을 갖췄다. 그리고 은하계 에너지를 사용할 수 있고 항성 사이를 여행할 수 있는 제III유형의 문명은 먹이사슬의 정점에 있다. 사실상, 이런 문명들은 〈스타워즈〉나 아이작 아시모프(Isaac Asimov, 1920~1992)의 소설《파운데이션(Foundation)》에 나오는 것처럼, 강력한 성간 제국을 만들고 유지할 수 있다.

우리 종은 아직 카르다쇼프 분류 척도상 가장 낮은 단계에도 도달하지 못했지만, 현재의 에너지 소비율이 계속된다면, 앞으로 몇 세기 내에 제I유형의 문명이 될 것이며, 몇천 년 안에 제II유형의 문명이 될 것이다. 그리고 몇만 년 후에는 제III

유형의 문명 기준을 달성할 수 있게 된다. 그때가 되면 아마도 우리 종은 다행성 종이 될 수 있고 '불멸'을 달성할 수 있을 것이다. 그러나 카르다쇼프 척도의 모든 단계를 실제로 밟을 수 있을지는 매우 불분명하다. 통제할 수 없는 화석 연료 사용으로 인해 발생한 재앙적 결과가 이미 수십 년 전에 수면 위에 떠올랐음에도, 우리는 여전히 문제를 해결하는 데 어려움을 겪고 있다. 더 높은 단계를 달성하는 것이 이론적으로 가능할지 모르지만, 실제로는 그렇게 될 수 없을 것이다. 우리라는 존재는 지탱하는 작동 체계를 스스로 붕괴시킬 수 있기 때문이다.

에너지는 결코 공짜가 아니다. 이는 현실의 기본 법칙 중 하나다. 우리는 에너지를 빌리고 변형시켜 사용하며, 그 일부만을 사용하고 나머지는 낮은 수준의 에너지 형태로 환경에 되돌려주며 영원히 잃는다. 폐기물이 없는 에너지 형태는 존재하지 않으며, 초기 에너지를 완전히 회수하는 완벽한 순환은 불가능하다. 최선의 경우, 사용되지 않은 에너지가 열 형태로 흩어질 뿐이다. 지구 온난화는 바라지 않은 결과지만, 문명이 성장하고 우리를 개선하기 위해 점점 더 많은 에너지를 사용한 불가피한 대가다.

역설적이게도, 우주 연구와 우주 탐사는 무한한 자원을 탐닉하는 것이 환경과 기후의 돌이킬 수 없는 변화 없이 이뤄질 수 없다는 사실을 더욱 각인시켰다. 지난 20세기 중반, 금성의 뜨거운 대기 온도를 이해하기 위해 처음으로 행성 내 대기 중 이산화탄소가 만드는 효과에 관한 정밀 연구가 진행됐다. 비슷한 방식으로, 화성 연구를 통해 두꺼운 대기나 자기장에 의해 적절히 보호받지 못하는 행성이 얼마나 불안정한지 이해할 수 있게 됐다. 최근 몇 년간 다른 별들 주위에서 발견된 수천 개의 행성을 연구하면서, 우리는 지구를 포함한 행성 환경에서 일어나는 구성요소들 간의 복잡한 상호작용을 더 많이 이해할 수 있게 됐다. 우리는 지구가 얼마나 많은 요인에 의해 형성됐는지, 그리고 그 요인들이 지구 외 다른 행성에서 각각 얼마나 드문지 알지 못해도, 적어도 같은 조합을 찾기란 거의 불가능하다는 사실을 점점 더 명확하게 파악하고 있다.

또한, 지난 세기 중반에 품었던 우리 은하에서 지적인 종의 명백한 증거를 찾을 수 있다는 희망이 지나치게 낙관적이었다는 것을 인정해야만 했다. 우주는 지금까지 우리와 비슷하거나 그보다 더 진화한 문명을 찾는 노력에 당혹스러운 침묵으로 응답했다. 그러나 우리 은하의 가장 늙은 별들은 태양보다 수십억 년 더 오래됐다. 그 별들이 지적 생명을 품고 있다면, 이미 그 생명들은 카르다쇼프 척도의 제II유형 또는 제III유형에 이를 만큼 진화할 충분한 시간이 있었을 것이다. 그리고 만약 그런 문명들이 존재한다면, 그들은 자신의 행성계 또는 은하계 일부를 점령하고 세력을 형성할 수 있을 것이며, 발전하는 데 특별한 어려움이 없을 것이다. 그러나 우리는 지금까지 그런 문명의 흔적을 발견하지 못했다.

＼ "모두 어디에 있나?"

외로운 인류에 관한 인식은 물리학자 엔리코 페르미(Enrico Fermi, 1901~1954)가 던진 질문으로 요약될 수 있다. "모두 어디에 있나?" 만약 기술적으로 진보된 문명의 은하 제국이 존재하고 항성계 사이를 여행할 수 있는 능력이 있다면, 왜 아직도 우리를 찾아오지 않았을까? 만약 수십억 년의 발전을 이룬 문명이 오래전 과거에 우주 식민화를 시작했다면, 빛의 속도를 뛰어넘지 않고도 충분히 전체 은하를 식민화하고 모든 사용 가능한 에너지를 소비할 수 있었을 것이다. 우리와 비슷한 수준의 기술을 가진 문명이더라도 전자기 통신을 활용한 신호가 빛의 속도로 우주를 횡단해 우리에게 도달했어야 했다.

지금까지 외계 문명의 증거가 전혀 발견되지 않은 것은 '페르미의 역설(Fermi paradox)'로 불린다. 하지만, 이는 우주에 기술적 활동을 하는 지적 생명체가 널리 퍼져 있다고 생각할 때만 역설이 된다. 페르미의 질문에 대한 가장 간단하고 직접적인 대답은 "다른 이들은 없다"일 것이다. 개인적으로, 그것이 사실이라고 해도 전혀 놀랍지 않을 것이다. 생명이 우주의 역사에서 단 한 번만 일어난 기적이라고 생각할 이유가 없고, 어딘가 다른 행성들에서도 이미 수많은 생명이 탄생했을 가능성이 크다. 그러나 자연선택을 통해 과학을 발명하고 기술을 사용하며 우주 비행에 이를 수 있는 생명체의 출현으로 이어지는 과정은 필연적으로 더 길고 특별한 우연이 필요하다. 전 우주 역사에서 몇 번밖에 일어나지 않았을 가능성이 크다. 우리라는 존재가 이러한 도약을 한 몇 안 되는 종 중 하나이며, 이 우주 시대에 유일한 종일 수도 있다는 사실이 그리 특별할 것은 없다.

또 다른 가능성은, 확실히 우리 종에게는 불안한 말이지만, 페르미의 역설이 충분히 발전된 모든 문명의 공통된 운명을 말해주는 것일 수 있다. 문명이 일정 수준의 발전에 도달하면 더 큰 위대함과 자연적 한계를 넘어설 수 없는 능력 부족으로 인해 필연적으로 붕괴에 이르는 것이다. 다시 말해, 우주의 침묵은 우리의 미래에 대한 예언일 수 있다. 그렇다면 우리도 그들을 따라 멸종할지 모른다.

20세기 후반, 지적 생명체를 찾기 위해 관심을 두던 과학자들은 처음으로 이 가능성에 주목하고 그것을 경고로 해석했다. 핵전쟁의 위험이 점점 더 구체화되던 역사적 시대와 맞물려, 우주가 우리에게 보내는 경고로 여겨졌다. 오늘날, 이러한 우려는 더 다양하고 복잡해졌다. 이제는 핵전쟁의 버튼을 누르는 것만이 문제가 아니다. 우리 종의 생존, 혹은 문명의 지속 가능성을 위협하는 것은 더욱 교묘하고 제어하기 어려운 체계 전체다. 우리는 점점 더 많은 사람을 먹여 살리기 위해 거의 모든 매머드를 죽인 부족과 비슷한 처지에 놓여 있다. 이제 마지막 매머드를 죽일지, 욕망을 줄일지 결정해야 하는 난제에 당면해 있다.

더 많은 사람을 위해 추구한 우리의 노력은 진화적 함정, 즉 진보의 덫에 갇혔다. 최선의 의도로 움직였음에도, 우리는 돌이킬 수 없는 지점에 도달했을 수 있다. 우리가 의지하는 지구가 더는 우리를 감당할 수 없게 될지도 모른다는 사실은 매우 두렵다. 그러나 지구에서 해온 확장과 착취를 지구 밖에서 반복하는 것이 이 함정에서 벗어나는 길이 아니라는 점을 깨달아야 한다. 다행성 종이 되는 방식으로는 우리를 구하지 못할 것이다. 그것은 환상일 뿐 아니라, 우리가 겪어야 했던 문제의 길을 계속 반복해야 하기 때문이다.

페르미의 역설은 우리 종의 미래에 대해 낙관적으로 작용해, 무한한 확장과 멸종 사이의 제3의 길을 제시한 것일 수 있다. 우주를 식민화하고 다른 세계로 확장하며 점점 더 많은 자원을 획득하는 모든 행위가 고도로 발전된 문명의 필연적인 운명이 아닐 수 있다. 진정한 의미의 성숙한 종은 자신의 생물학적 유산에 새겨진 탐욕적 야망을 절제하고, 가능한 한 많은 이들이 혜택을 누리면서도 공동의 터전을 보호하고 환경 파괴를 최소화하는 지속 가능한 길을 찾는 종일지 모른다. 그리고 우주의 특별한 침묵은 기술 문명의 이른 멸종을 말해주는 것이 아니라, 천천히 타는 장작이 더 오래 탄다는 지혜를 일깨우는 증거일 수 있다. 어쩌면, 우리가 그들을 보지 못하는 것은 그들이 더 적게 소란을 피우며 잘 살아가는 방법을 알아냈기 때문일 수 있다. 결국, 가장 현명한 사람은 가장 눈에 띄지 않는 사람이다.

＼　지구 우주선

우주에는 의심할 여지 없이 수많은 행성들이 있으며, 그중 많은 곳에 우리와 다른 생명체가 존재할 수 있다. 과학자로서 다른 세계가 존재한다는 증거를 얻게 된다면, 그것보다 더 기쁠 일은 없을 것이다. 나는 다른 행성으로의 여행을 다룬 공상과학 소설을 읽으며 자랐고, 다른 태양 아래에서 자연이 어떤 생명체를 창조했는지, 어떤 존재들이 다른 땅을 걷고, 다른 바다에서 수영하며, 우리와 다른 색의 하늘을 날아다닐지 직접 눈으로 보고 싶다. 그러나 안타깝게도 이 꿈은 실현되지 못한 꿈으로 남을 것이다. 허락된다면, 우리가 우주에 홀로 있지 않다는 간접적인 증거를 얻는 것만으로도 충분히 만족할 것이다.

하지만 한 가지는 확실하다. 지구 바깥에 또 다른 지구는 없다. 인간은 이 행성의 산물이며, 이들을 다른 곳에 옮기려면, 그들이 태어난 세계의 일부를 떼어내 밀봉된 거품 안에 가둬야만 한다. '인간'이라는 단어가 '흙'을 뜻하는 '부식토(humus)'와 같은 라틴어 뿌리에서 나왔다는 사실은 우연이 아니다. 우리는 문자 그대로 우리가 사는 세계와 같은 재료로 만들어졌다. 우리는 몸의 일부를 잃고 살아남을 수 있지만, 우리를 지탱하는 환경과의 연결 없이 살아남을 수 없다. 우리는 이 작은 '젖은 바위'에 불과한 지구가 우리 은하 변두리의 별 주위를 돌고 있는 한, 절대로 그 인연을 끊을 수 없다.

한 가지 좋은 소식은 그럴 필요가 없다는 것이다. 값비싼 구명보트를 타고 도망칠 필요가 없고, 어차피 그곳이 우리가 지금 있는 곳보다 나을 리 없다. 우리 지구는 파멸되지 않는다. 오히려 우리가 시작한 변화들로 인해 위험에 처할 수는 있다. 하지만 의도치 않게 막다른 골목에서 벗어날 수 있다. 우리 앞에는 많은 장애물이 있지만, 우리는 문제를 해결하며 성장해왔다. 다른 전략을 찾고 더 나은 방향으로 나아가기 위해 노력해야 한다. 그 대안은 자연에 맡기는 것이다. 자연은 항상 해결책을 찾았다. 우리는 지구를 구할 필요가 없다. 지구는 어떻게든 스스로 돌볼 것이다. 우리는 우리 자신과 우리가 고생해서 이룬 모든 것을 구해야 한다.

비상용 지구는 없지만, 사실 우리에게 필요하지도 않다. 우리의 생존을 단기적으로 위협하는 것은 우리가 만들어낸 조건들일 뿐이다. 다른 길을 찾고 다른 경로를 모색하는 것을 가로막는 것은 없다. 새로운 세계에서 처음부터 다시 시작하는 환상을 버리고 지구에서 그 일을 시작한다면, 훨씬 더 쉽고 즐거울 것이다. 우리는 전능하지는 않지만, 우리의 행동이 전체 생물권에 영향을 미친다는 사실을 알게 됐다. 이 인식을 우리의 이점으로 사용하고 가능한 한 우리 문명의 수명을 연장할 지속 가능한 길을 찾아야 한다. 그것은 불가능한 일이 아니다. 또 확실히 더 쉬울 뿐만 아니라 이곳 지구에서 하는 것이 훨씬 더 즐겁다. 밀폐된 유리관에 갇히거나 화성을 테라포밍하거나 궤도에 식민지를 건설하는 일보다 말이다.

반세기 이상 전, 인류는 놀라운 업적을 이뤘다. 처음으로 우주에서 지구 전체를 볼 수 있었다. 이 업적이 때로는 이상적이거나 고귀한 것으로 묘사되곤 하지만, 그 일이 우리의 지구와 우주에 대한 관점을 영원히 바꿨다는 사실은 변하지 않는다. 수천 명의 사람들과, 간접적으로는 전 인류의 준비와 노력 덕분에 가능했다. 이것은 우리가 공동의 목표를 위해 협력할 때 무엇을 할 수 있는지 보여주는 귀중한 사례다. 오늘날에도 이러한 정신은 우리가 당면한 어려움을 극복하고 우리가 가진 유일한 세상에서 계속 잘 살아가는 데 도움이 될 수 있다.

우주 탐사는 계속해서 우리에게 영감을 주고, 교육하며, 심지어는 즐겁게 할 것이다. 지구 바깥 우주에서 발견되는 것들을 연구하는 것은 우리가 우리 지구의 환경적 한계와 더 호환될 수 있는 새로운 해법을 찾는 데 도움을 줄 것이다. 또한, 장기적으로 발생할 수 있는 자연재해에 대비할 수 있도록 도울 것이다. 향후 수십 년 안에 우리는 태양계 내 모든 소행성의 위치와 속도를 알게 될 것이며, 잠재적인 충돌을 예측함으로써 그것들이 지구를 위협할 경우 적절히 대비할 수 있게 될 것이다.

아주 먼 우리의 운명은 실제로 어떻게 될지 아무도 예측할 수 없다. 우리 종이 사라지기 훨씬 전에 지구가 살기 어려워질 가능성도 있다. 하지만 나는 지구의 운명과 인류의 운명이 불가분의 관계라는 데 확신하며, 개인적으로 종의 불멸을 추구하는 것은 합리적인 목표가 아니라고 생각한다. 만약 지구가 끝나는 날에 우리의 후손이 존재한다면, 그들은 호기심과 상황을 개선하고 싶은 욕구 외에 우리와의 공통점이 별로 없을 것이다. 그 시점에는 우리와 거리가 먼 새로운 종이 우주의 계단을 오르기 시작하고 별들을 향해 여행을 떠날 수도 있다. 하지만 그날이 온다면, 우리가 지금 지구에서 우리의 문제를 해결해냈기 때문일 것이다.

지구는 우리의 진짜 우주선이다. 우리가 능력을 발휘하고, 의문을 품으며, 해결책을 창조하는 것을 멈추지 않는다면, 지구는 여전히 많은 세대에게 살기 좋은 곳이 될 것이다. 이 멋진 관측 지점에서, 가능한 한 오래 하늘을 살피고 우주를 탐험할 것이다. 이곳에서 계속 새로운 것을 발견하기 위해 여러 차례 떠날 것이고, 그러고는 또 돌아올 것이다.

———— 프롤로그

1. 이안 샘플(I. Sample), 〈지구돋이: 어떻게 상징적인 이미지가 세계를 변화시켰는가(Earthrise: how the iconic image changed the world)〉, 《가디언(The Guardian)》, 2018년 12월 24일 (www.theguardian.com/science/2018/dec/24/earthrise-how-the-iconic-image-changed-the-world에서 확인 가능).

2. 앤드류 체이킨(A. Chaikin), 〈아폴로 8호에서 전설적인 '지구돋이' 사진을 찍은 사람은 누구인가?(Who Took the Legendary Earthrise Photo From Apollo 8?)〉, 《스미소니언 매거진(Smithsonian Magazine)》, 2018년 1월 (www.smithsonianmag.com/science-nature/who-took-legendary-earthrise-photo-apollo-8-180967505/에서 확인 가능).

3. 프랭크 화이트(F. White), 《조망 효과: 우주 탐사와 인간 진화(The Overview Effect. Space Exploration and Human Evolution)》, Houghton Mifflin, 보스턴, 1987.

4. 앤드루 체이킨(A. Chaikin), 〈달에서의 생중계: 아폴로의 사회적 영향(Live from the Moon: The Societal Impact of Apollo)〉, in 《우주 비행의 사회적 영향(Societal Impact of Spaceflight)》, 편집 S.J. Dick과 R.D. Launius, NASA, 워싱턴 DC, 2007(온라인에서 확인 가능: history.nasa.gov/sp4801-chapter4.pdf).

5. 가보르 뢰베이(G. L. Lövei), 〈현대의 멸종 사례(Modern Examples of

Extinctions)〉, 《생물 다양성 백과사전(Encyclopedia of Biodiversity)》, Academic Press, 케임브리지, 2013.

6. 제임스 러브록(J. E. Lovelock); 린 마굴리스(L. Margulis), 〈생물권에 의한, 그리고 생물권을 위한 대기의 항상성: 가이아 가설(Atmospheric homeostasis by and for the biosphere: the Gaia hypothesis)〉, 《텔러스(Tellus)》, XXVI (1974), 1-2. climate-dynamics.org/wp-content/uploads/2016/06/lovelock74a.pdf에서 확인 가능.

7. 사이먼 루이스(S. L. Lewis); 마크 매슬린(M. A. Maslin), 《인류의 행성: 우리는 어떻게 인류세를 만들었나(The Human Planet: How We Created the Anthropocene)》, Yale University Press, 뉴헤이븐&런던, 2018.

_____ **1장**

1. 클라우스 피터 슈뢰더(K.-P. Schröder); 로버트 스미스(R. C. Smith), 〈태양과 지구의 먼 미래 재검토(Distant future of the Sun and Earth revisited)〉, 《왕립 천문학회 월간 공보(Monthly Notices of the Royal Astronomical Society)》, 제386권, 제1호, 2008년 5월 1일, pp. 155~163. (참조 가능한 웹페이지: doi.org/10.1111/j.1365-2966.2008.13022.x).

2. 에마누엘레 페로치(E. Perozzi), 《머리 위로 떨어지는 하늘: 우주와의 충돌과 접촉(Il cielo che ci cade sulla testa. Impatti cosmici e incontri ravvicinat)》, Il Mulino, 볼로냐, 2016.

3. 이는 NASA 웹페이지에서 확인할 수 있다. cneos.jpl.nasa.gov/sentry/

4. 필립 루빈(P. Lubin); 알렉산더 N. 코헨(A. N. Cohen), 〈잊지 말고 위를 쳐다보라(Don't Forget To Look Up)〉, 2022년(https://arxiv.org/abs/2201.10663에서 확인 가능).

5. 마이클 R. 람피노(M. R. Rampino); 스티븐 셀프(S. Self), 〈토바 화산 대폭발 이후의 화산 겨울과 가속화된 빙하기(Volcanic Winter and Accelerated

Glaciation following the Toba Super-eruption)〉,《네이처(Nature)》, 359호, 1992년, pp. 50~52.

6. 존 엘리스(J. Ellis); 데이비드 슈람(D. N. Schramm), 〈인근 초신성 폭발이 대량 멸종을 일으켰을 수 있나?(Could a nearby supernova explosion have caused a mass extinction?)〉,《미국 국립 과학원 회보(Proceedings of the National Academy of Sciences)》, 92권 (1호), 1995년, pp. 235~238.

7. 존 로버트 맥닐(J. R. McNeill); 피터 엥겔케(P. Engelke),《대가속: 1945년 이후 인류세의 환경사(The Great Acceleration: An Environmental History of the Anthropocene Since 1945)》, Belknap Press, 케임브리지, 2016.

8. 예를 들어, 참조: 닉 보스트롬(N. Bostrom); 밀란 M. 치르코비치(M. M. Cirkovic),《글로벌 대재앙의 위험들(Global Catastrophic Risks)》, Oxford University Press, 옥스퍼드, 2008.

9. 마틴 리스(M. Rees),《마지막 세기: 문명은 21세기에도 살아남을 수 있을까?(Our Final Century: Will Civilisation Survive the Twenty-First Century?)》, Heinemann, 런던, 2003.

10. 롱벳 웹사이트에서 확인 가능. longbets.org/9/

11. 마틴 리스, 〈마틴 리스와 스티븐 핑커: 재앙에 베팅하다(Martin Rees and Steven Pinker: Wagering on catastrophe)〉,《뉴 스테이츠먼(New Statesman)》, 2021년 6월 16일.

12. 클라라 모스코비츠(C. Moskowitz), 〈스티븐 호킹, 지구를 떠나지 않으면 인류가 생존할 수 없다고 말하다(Stephen Hawking Says Humanity Won't Survive Without Leaving Earth)〉, 스페이스닷컴(Space.com), 2010년 8월 11일. (www.space.com/8924-stephen-hawking-humanity-won-survive-leaving-earth.html에서 확인 가능).

13. 〈나사의 그리핀: "인류는 태양계를 식민지화할 것"(NASA's Griffin: Humans Will Colonize the Solar System)〉,《워싱턴 포스트(The Washington Post)》, 2005년 9월 25일. (www.washingtonpost.com/wp-dyn/content/article/2005/09/23/AR2005092301691.html에서 확인 가능).

2장

1. 마이클 시츠(M. Sheetz), 〈제프 베이조스에게 우주 비행을 감동적으로 묘사한 윌리엄 샤트너: "가장 깊은 경험"(William Shatner emotionally describes spaceflight to Jeff Bezos: "The most profound experience")〉, cnbc.com (www.cnbc.com/2021/10/13/william-shatner-speech-to-jeff-bezos-after-blue-origin-launch.html에서 확인 가능).

2. 프란시스 A. 쿠치노타(F. A. Cucinotta); 엘리도나 카카오(E. Cacao), 〈표적 효과 모형보다 비표적 효과 모형이 예측하는 화성 임무의 암 위험이 훨씬 크다(Non-Targeted Effects Models Predict Significantly Higher Mars Mission Cancer Risk than Targeted Effects Models)〉, 《사이언티픽 리포트(Scientific Reports), 7, 1832, 2017.

3. 자세한 내용은 ntrs.nasa.gov/citations/20160006329에서 확인할 수 있음.

4. 자세한 영상물은 유튜브 채널 www.youtube.com/watch?v=0az7DEwG68A에서 볼 수 있음.

5. ntrs.nasa.gov/archive/nasa/casi.ntrs.nasa.gov/19790072165.pdf에서 확인할 수 있음.

6. 버즈 올드린(B. Aldrin); 켄 아브라함(K. Abraham), 《거대한 황야: 달에서의 긴 귀환(Magnificent Desolation: The Long Journey Home from the Moon)》, Harmony Books, 뉴욕, 2009.

7. 버즈 올드린(B. Aldrin), 〈아폴로 11호 달 착륙 40년 후, 이제 화성 탐사가 필요하다(40 Years After Apollo 11 Moon Landing, It's Time for a Mission to Mars)〉, 《워싱턴 포스트(The Washington Post)》, 2009년 7월 16일. (www.washingtonpost.com/wp-dyn/content/article/2009/07/15/AR2009071502940.html에서 확인 가능).

8. 베르너 폰 브라운(W. von Braun), 《화성 프로젝트: 기술 이야기(Project Mars: A Technical Tale)》, Collector's Guide Publishing Inc., 온타리오, 캐나다, 2006.

9. 캐리 제틀린(C. Zeitlin) 등, 〈화성으로 가는 도중에 측정된 에너지 입자 방사선에 관한 연구(Measurements of Energetic Particle Radiation in Transit to Mars on the Mars Science Laboratory)〉, 《사이언스(Science)》, 340 (6136), 2013, pp. 1080~4.

10. 짐 스콧(J. Scott), 〈대규모 태양 폭풍으로 전 지구적 오로라가 발생하고, 화성 표면의 방사선 수준이 2배 증가하다(Large solar storm sparks global aurora and doubles radiation levels on the martian surface)〉, Phys.org, 2017년 9월 30일, 다음 주소에서 확인할 수 있다. https://phys.org/news/2017-09-large-solar-storm-global-aurora.html

11. 로베르토 오로세이(R. Orosei) 외, 〈화성 빙하 아래 액체 상태의 물 존재에 대한 레이더 증거(Radar evidence of subglacial liquid water on Mars)〉, 《사이언스(Science)》, 361(6401), 2018; (원문은 다음 주소에서 찾아볼 수 있다. iris. uniroma1.it/retrieve/handle/11573/1148029/775761/Orosei_postprint_Radar_2018.pdf

12. 바이오스피어 2에 대한 자세한 정보는 biosphere2.org 참조할 것.

13. 참가자 중 한 명이 쓴 보고서. 마크 넬슨(M. Nelson)의 《우리의 한계를 넘어: 바이오스피어 2에서 얻은 교훈(Pushing Our Limits: Insights from Biosphere 2)》, The University of Arizona Press, 투손 2018.을 참조할 것.

14. 마크 넬슨(M. Nelson), 〈바이오스피어 2: 지구와 우주 생활에서 얻은 교훈 (Biosphere 2's Lessons about Living on Earth and in Space)〉, 《스페이스: 사이언스 & 테크놀로지(Space: Science & Technology)》, 2021년, 제2021권, id 8067539 (spj.sciencemag.org/journals/space/2021/8067539/에서 확인 가능).

15. 로버트 주브린(R. Zubrin); 리처드 와그너(R. Wagner), 《화성을 위한 주장: 붉은 행성 정착 계획과 그 필요성(The Case for Mars. The Plan to Settle the Red Planet and Why We Must)》, Free Press, 뉴욕, 1996.

16. 상세한 내용은 다음 웹페이지에서 확인할 수 있다. www.marssociety.org/faq/

17. 로버트 주브린; 리처드 와그너, 《화성을 위한 주장: 붉은 행성 정착 계획과 그 필요성》, 앞의 책 참조. p. 187.

18. 폴 데이비스(P. Davies), 〈화성에서의 생명(과 죽음)(Life (and Death) on Mars)〉, 《뉴욕타임스(The New York Times)》, 2004년 1월 15일.

19. 로렌스 크라우스(L. Krauss), 〈화성으로의 편도 탑승권(A One-Way Ticket to Mars)〉, 《뉴욕타임스》, 2009년 8월 31일.

20. 《가디언(The Guardian)》에 의해 게시된 동영상을 참조할 것. www.youtube.com/watch?v=-8na3oQzcwCk

21. 엘리자베스 킵(E. Keep), 〈마스원 결선 진출자가 참가자들을 속이는 방식(Mars One Finalist Explains Exactly How It's Ripping Off Supporters)〉, 《미디엄(Medium)》, 2015년 3월 16일 (medium.com/matter/marsone-insider-quits-dangerously-flawed-project-2dfef95217d3#.df9smqd7l에서 확인 가능).

22. 제임스 할리데이(J. Halliday), 〈마스 원 최종 후보자 명단: 상위 10명의 희망자(Mars One shortlist: the top 10 hopefuls)〉, 《가디언(The Guardian)》, 2015년 2월 17일 (www.theguardian.com/science/2015/feb/17/marsone-shortlist-the-top-10-hopefuls에서 확인 가능).

23. 시드니 도(S. Do), 앤드류 오웬스(A. Owens), 케빈 호(K. Ho), 스테파니 슈라이너(S. Schreiner), 올리비에 드 웨크(O. de Weck), 〈마스 원 계획의 기술적 실행 가능성에 대한 독립적 평가 - 업데이트된 분석(An independent assessment of the technical feasibility of the Mars One mission plan - Updated analysis)〉, 《액타 아스트로나우티카(Acta Astronautica)》, 제120권, 2016년. (doi.org/10.1016/j.actaastro.2015.11.025에서 확인 가능).

24. 제니퍼 추(J. Chu), 〈마스 원: 한 번이면 끝?(Mars One (and done?))〉, 《MIT 뉴스(MIT News)》, 2014년 10월 14일 (news.mit.edu/2014/technical-feasibility-mars-one-1014에서 확인 가능).

25. 데이비드 데이(D. Day), 〈붉은 행성의 논쟁(Red planet rumble)〉, 《더 스페이스 리뷰(The Space Review)》, 2015년 8월 17일 (www.thespacereview.

com/article/2809/1에서 확인 가능).

26. www.mars-one.com.

27. 일론 머스크(E. Musk), 〈인류를 다중 행성 종으로 만들기(Making Humans a Multi-Planetary Species)〉, 《뉴 스페이스(New Space)》, 제5권, 2호, 2017년 (doi.org/10.1089/space.2017.29009.emu에서 확인 가능).

28. 엑스 주소 https://x.com/elonmusk/status/1504173360456077313에서 확인할 가능하다.

29. 크리스 웰시(C. Welch), 〈일론 머스크: "화성으로 여행하는 최초의 인간들은 죽을 각오를 해야 해"(First humans who journey to Mars must 'be prepared to die')〉, 《버지(The Verge)》, 2016년 9월 27일, www.theverge.com/2016/9/27/13080836/elon-musk-spacex-mars-mission-death-risk에서 확인할 수 있음.

30. 엘리자베스 B. 베크(E. B. Becque), 〈일론 머스크는 화성에서 죽고 싶어 한다(Elon Musk wants to die on Mars)〉, 《배너티 페어(Vanity Fair)》, 2013년 3월 10일, https://www.vanityfair.com/news/tech/2013/03/elon-musk-die-mars에서 확인할 수 있음.

31. 자세한 내용은 유튜브 www.youtube.com/watch?v=gV6hP9wpMW8에서 확인할 수 있음.

32. 칼 세이건(C. Sagan), 〈행성 금성(The Planet Venus)〉, 《사이언스(Science)》, 133 (3456), 1961, pp. 849~58.

33. 칼 세이건, 〈화성의 행성 공학(Planetary engineering on Mars)〉, 《이카루스(Icarus)》, 20 (4), 1973, pp. 513~4.

34. 로버트 M. 주브린(R. M. Zubrin), 크리스토퍼 맥케이(C. P. McKay), 《화성 테라포밍을 위한 기술적 요구사항(Technological Requirements for Terraforming Mars)》, 1993 (doi.org/10.2514/6.1993-2005에서 확인 가능).

35. 브루스 M. 자코스키(B. M. Jakosky), 크리스토퍼 S. 에드워즈(C. S. C.S. Edwards), 〈화성 테라포밍을 위해 이용 가능한 이산화탄소 양(Inventory of CO2 available for terraforming Mars)〉, 《네이처 아스트로노미(Nature

Astronomy)》, 2권, 2018, pp. 634~9.

36. 크리스토퍼 P. 맥케이(C. P. McKay); 오웬 B. 툰(O. B. Toon); 제임스 F. 캐스팅(J. F. Kasting), 〈거주 가능한 화성 만들기(Making Mars habitable)〉,《네이처(Nature)》, 352권, 1991, pp. 489~96.

37. 크리스토퍼 P. 맥케이, 〈생물학적으로 회복 가능한 탐사(Biologically Reversible Exploration)〉,《사이언스(Science)》, 제323권, 5915호, 2009.

38. 제라드 K. 오닐(G. K. O'Neill), 〈우주의 식민화(The Colonization of Space)〉,《피직스 투데이(Physics Today)》, 27권 (9호), 1974년 9월, pp. 32~40. 다음 주소에서 확인할 수 있음. https://nss.org/the-colonization-of-space-gerard-k-o-neill-physics-today-1974/.

39. 리처드 D. 존슨(R.D. Johnson); 찰스 홀브로우(C. Holbrow) 편집, 〈우주 정착지: 디자인 연구(Space Settlements: A Design Study)〉, 나사(NASA), 워싱턴 D.C., 1977 (다음 주소에서 확인 가능: ntrs.nasa.gov/citations/19770014162).

40. William Morrow & Company, 뉴욕, 1977.

41. 마틴 데이비스(M. Davis), 〈제라드 K. 오닐의 우주 식민지에 대해(Gerard K. O'Neill On Space Colonies)〉,《옴니(Omni)》, 1979년 7월 (웹사이트에서 확인 가능: omnimagazine.com/interview-gerard-k-oneill-space-colonies/).

42. 자세한 내용은 엑스에서 확인할 것. https://x.com/elonmusk/status/1131442696537743362.

43. 유리 N. 아르추타노프(Y. N. Artsutanov), 〈전기 열차를 타고 우주로(To the Cosmos by Electric Train)〉,《콤소몰스카야 프라우다(Komsomolskaya Pravda)》, 1960.

3장

1. 스티븐 브라이슨(S. Bryson) 외, 〈케플러 호의 자료를 통해 본 태양과 유사한 별 주위의 암석성 생명체 거주 가능 영역 행성의 발견(The Occurrence of Rocky Habitable-zone Planets around Solar-like Stars from Kepler Data)〉,《천문학 저널(The Astronomical Journal)》, 161, 36, 2020 (arxiv.org/abs/2010.14812에서 확인 가능).

2. 자세한 내용은 다음 주소에서 확인할 수 있다. phl.upr.edu/projects/habitable-exoplanets-catalog.

3. 피터 워드(P. Ward); 도널드 E. 브라운리(Donald E. Brownlee),《희귀한 지구: 우주에 복잡한 생명체는 왜 드문가(Rare Earth: Why Complex Life Is Uncommon in the Universe)》, Copernicus, 뉴욕 2000.

4. 스티븐 브라이슨 외, 〈케플러 호의 자료를 통해 본 태양과 유사한 별 주위의 암석성 생명체 거주 가능 영역 행성의 발견〉. 앞의 책에서 인용.

5. 저자의 책《빛의 광선을 추적하며(Inseguendo un raggio di luce, Rizzoli, 2021)》에서 빛의 속도를 초과할 수 없는 이유를 자세히 설명했다. 상대성이론과 관련된 다른 문제에 대한 더 자세한 정보도 이 책에서 확인할 수 있다.

6. 폴 루빈(P. Lubin); 알렉산더 N. 코헨(A. N. Cohen),《성간 비행의 경제학(The Economics of Interstellar Flight)》, 2021 (arxiv.org/abs/2112.13911에서 확인 가능).

7. 조지 다이슨(G. Dyson),《프로젝트 오리온: 원자 우주선 1957-1965(Project Orion: The Atomic Spaceship 1957-1965)》, Penguin Books, 런던 2002.

8. 프리먼 존 다이슨(F. J. Dyson), 〈성간 운송(Interstellar Transport)〉,《피직스 투데이(Physics Today)》, 21(10), 1968, pp. 41~45.

9. 다이애나 권(D. Kwon), 〈반물질에 대해 알지 못했던 열 가지 사실(Ten things you might not know about antimatter)〉,《시메트리 매거진(Symmetry Magazine)》, 2015년 4월 28일. 이 글은 www.symmetrymagazine.org/article/april-2015/ten-things-you-might-not-know-about-antimatter 주소에서

확인할 수 있다.

10. 로버트 W. 버사드(R. W. Bussard), 〈은하 물질과 성간 비행(Galactic Matter and Interstellar Flight)〉,《아스트로노티카 액타(Astronautica Acta)》, 6권, 1960, pp. 179~195.

11. 자세한 내용은 다음의 주소에서 확인할 것. breakthroughinitiatives.org/initiative/3.

12. 로버트 L. 포워드(R. L. Forward), 〈레이저로 추진하는 광자 돛을 사용한 왕복 성간 여행(Roundtrip Interstellar Travel Using Laser-Pushed lightsails)〉, 《우주선과 로켓 저널(Journal of Spacecraft and Rockets)》, 제21권, 1989년, pp. 187~195.

13. 필립 루빈(P. Lubin), 〈성간 비행 로드맵(A Roadmap to Interstellar Flight)〉, 《영국 행성간 학회 저널(Journal of the British Interplanetary Society)》, 제69권, 2016, pp. 40~72 (arxiv.org/abs/1604.01356에서 확인 가능).

14. 조반니 불페티(G. Vulpetti), 〈성간 탐사의 문제점 및 전망(Problems and Perspectives in Interstellar Exploration)〉,《영국 행성간 학회 저널(Journal of the British Interplanetary Society)》, 제52권, 1999, pp. 307~323.

15. 앤드루 케네디(A. Kennedy), 〈성간 여행 - 대기 계산 및 진보의 유인 함정 (Interstellar Travel – The Wait Calculation and the Incentive Trap of Progress)〉,《영국 행성간 학회 저널(Journal of the British Interplanetary Society)》, 제59권, 2006, pp. 239~246.

16. 윌리엄 A. 에델스테인(W. A. Edelstein); 알렉산드라 D. 에델스테인(A. D. Edelstein), 〈속도는 치명적이다: 매우 상대론적인 우주 비행은 승객과 장비에 치명적일 것이다(Speed kills: Highly relativistic spaceflight would be fatal for passengers and instruments)〉,《내추럴 사이언스(Natural Science)》, 제4권, 10호, 2012.

17. 마이클 S. 모리스(M. S. Morris); 킵 S. 손(K. S. Thorne), 〈시공간의 웜홀 과 이를 활용한 성간 여행: 일반상대성이론 교육을 위한 도구(Wormholes in spacetime and their use for interstellar travel: A tool for teaching general

relativity)〉,《아메리칸 저널 오브 피직스(American Journal of Physics)》, 56 권, 1988, p. 395.

18. 미겔 알큐비에레(M. Alcubierre), 〈워프 드라이브: 일반상대성이론 내에서의 초고속 여행(The warp drive: hyper-fast travel within general relativity)〉, 《클래시컬 앤드 퀀텀 그래비티(Classical and Quantum Gravity)》, 11권(5), 1994, pp. L73~L77.

_____ 에필로그

1. 제프리 웨스트(G. West),《스케일: 생물, 도시, 기업에서의 삶, 성장, 그리고 죽음에 관한 보편적 법칙(Scale: The Universal Laws of Life, Growth, and Death in Organisms, Cities, and Companies)》, Penguin Press, 뉴욕, 2017.

2. 도넬라 H. 메도즈(D. H. Meadows); 데니스 L. 메도즈(D. L. Meadows); 요르겐 랜더스(J. Randers); 윌리엄 W. 베렌즈 III(W. W. Behrens III),《성장의 한계(The Limits to Growth)》, Universe Books, 뉴욕 1972.

3. 가야 헤링턴(G. Herrington), 〈성장의 한계 업데이트: World3 모형과 경험적 자료 비교(Update to limits to growth: Comparing the World3 model with empirical data)〉,《산업생태학저널(Journal of Industrial Ecology)》, 25권(3), 2021, pp. 614~26.

4. 데이비드 그린스푼(D. Grinspoon),《인간의 손에 의한 지구(Earth in Human Hands)》, Hachette Book Group, 뉴욕 2016.

당신은 화성으로 떠날 수 없다

1판 1쇄 2024년 8월 9일

지은이 아메데오 발비

옮긴이 장윤주

펴낸이 김형필

디자인 희림

펴낸곳 북인어박스

주소 경기도 하남시 미사대로 540 (덕풍동) 한강미사2차 A동 A-328호

등록 2021년 3월 16일 제2021-000015호

전화 031) 5175-8044

팩스 0303-3444-3260

이메일 bookinabox21@gmail.com

한국어판 ⓒ 북인어박스, 2024

책값은 뒤표지에 있습니다.
ISBN 979-11-985632-4-8 03440
값 17,500원

북인어박스는 인생의 무기가 되는 책, 인생의 지혜가 되는 책을 만듭니다.
출간 문의는 이메일로 받습니다.

감수 황호성(서울대학교 물리천문학부 교수)

구상성단부터 우주론까지 천문학의 다양한 분야를 연구하는 한국의 대표적인 젊은 천문학자로 손꼽힌다. 한국천문학회가 수여한 '젊은 천문학자상'을 수상하기도 했으며, 포항공대가 선정한 '한국을 빛낼 젊은 과학자 30인'에 포함되었으며, 한국과학기술한림원의 차세대 회원으로 선정되기도 했다.

카이스트(KAIST) 물리학과를 졸업했고, 서울대학교 천문학과에서 박사과정을 마쳤다. 프랑스 시이에이 사클레이(CEA Saclay), 하버드-스미소니언 천체 물리연구소(Harvard-Smithsonian Center for Astrophysics), 고등과학원, 한국천문연구원 등을 거쳐 현재는 서울대학교 물리천문학부 천문학 전공 부교수로 재직 중이다. 학생, 동료 연구자들과 재미있고 행복하게 연구하는 천문학자를 목표로 열심히 은하와 우주의 기원을 탐구하고 있다.

옮긴이 장윤주

대학에서 물리학을 공부하고, 로마 사피엔차 대학교(Sapienza Università di Roma) 수학과에서 대학원 과정을 마쳤다. 대학원 시절 우연히 접한 과학철학에 흥미를 느껴 번역 일을 시작하게 됐다. 남는 시간에는 책을 읽는 것 외에도 산에 오르는 것을 좋아하며, 평소 우주와 환경 문제에 관심이 많다. 현재, 더 많은 이들과 올바른 과학 지식을 나누는 것을 목표로 작가로서 제2의 인생을 준비하고 있다.